Inhaltsverzeichnis

Kapitel 6 Tätiges Leben und die Muße: Theorien über die Arbeit und ihre Wirkungen auf das reale Leben

Kapitel 7 Personale, betriebliche und politische Perspektiven und die Bedeutung der Erziehung

1

Die Arbeit und das Leben: Resonanzerfahrung oder Entfremdung?

Welchen Beitrag kann die Arbeit zu einem guten Leben leisten? Auf diese Frage soll dieses Buch aus heutiger Perspektive einige Antworten geben. Wir brauchen ein neues Nachdenken, ein neues Gespräch über die Arbeit. Sowohl in ihrer Bedeutung als auch vom zeitlichen Rahmen nimmt sie im Leben der meisten Menschen einen außerordentlich großen Raum ein. Die Art und Weise, wie wir heute in unserer Arbeit gefordert sind, hat sich innerhalb nur einer Generation fundamental gewandelt und wird sich weiter verändern[1].

Die Arbeit des Menschen ist eine ungeheure Ressource. Menschliche Arbeit kann ein Betätigungsfeld unserer Kreativität sein, eine Quelle der Freude und des Stolzes, der Anerkennung und der sozialen Verbundenheit. Mehr noch: Was wir beruflich tun, kann ein wesentliches Element unserer personalen Identität ausmachen. Dieses Buch soll einen Beitrag zu einem seriösen Diskurs leisten, der die Potenziale im Blick hat, die sich dem Menschen durch die Arbeit eröffnen, aber auch die Gefährdungen sieht, die mit der Arbeit unter den heutigen, gewandelten Bedingungen einhergehen.

Die Merkmale dessen, was als »moderne Arbeit« beschrieben wird, sind Beschleunigung, Verdichtung, der Umgang mit einer ungeheuren Informationsflut, Fragmentierung der Arbeitsabläufe und Multitasking, hohe Anforderungen an die Kommunikationsfähigkeit, eine massive Zunahme beruflich bedingten Pendelns, Ansprüche nach jederzeitiger Erreichbar- und Verfügbarkeit und eine – nur zu gut begründete – andauernde Angst um den Arbeitsplatz. Dieses Buch soll keinem Trend zu Aufgeregtheiten das Wort reden, wie sie unter dem Stichwort »Burn-out« gerne verbreitet werden. Zugleich sollten wir aber auch darauf verzichten, die massiven – vor allem gesundheitlichen – Probleme, die sich bei immer mehr Beschäftigten einstellen, zu ironisieren, zu bagatellisieren oder zu psychiatrisieren, wie dies in jüngster Zeit zu beobachten war.

Die Erforschung der Auswirkungen moderner Arbeit auf die Gesundheit hat eine lange Geschichte. Das Burn-out-Syndrom ist – wie die Depression – alles andere als eine »Mode-Diagnose«. Die lange, bis in die 20er-Jahre des letzten Jahrhunderts zurückreichende Geschichte seiner wissenschaftlichen Erforschung soll in Kapitel 4 ausführlich dargestellt werden. Gesundheitliche und insbesondere psychische Probleme nehmen, wie zu zeigen sein wird, nicht nur dort zu, wo gearbeitet wird, sondern sind auch bei jenen Menschen anzutreffen, die gerne arbeiten würden, aber keine Arbeit haben. Wem keine Möglichkeit geboten wird, durch Arbeit für sich und die Seinen zu sorgen, wem der Zugriff auf die vielfältigen Potenziale der Arbeit – vor allem auf Selbstverwirklichung und Selbstwerterleben – verweigert wird, erfährt ein moralisches Desaster. Von diesem sind vor allem auch die Kinder von Arbeitslosen betroffen, denn die deprimierenden Effekte, welche die Erfahrung elterlicher Arbeitslosigkeit für junge Leute haben, sind weitreichend.

Der Zusammenhang zwischen Arbeit und Gesundheit ist seit vielen Jahren eines der Forschungsfelder meiner Arbeitsgruppe[2]. Dabei wurden zahlreiche Forschungsprojekte, unter anderem gemeinsam mit der Berliner Bundesanstalt für Arbeitsschutz und Arbeitsmedizin, einer Agentur der Bundesregierung in Berlin, durchgeführt, die sich nicht nur mit den Ursachen beruflich bedingter Gesundheitsstörungen beschäftigten, sondern vor allem auch mit der Erarbeitung von Lösungsvorschlägen. Als Resultat dieser Arbeit entstand eine Serie von wissenschaftlichen, in internationalen Zeitschriften veröffentlichten Arbeiten. Meine Intention ist es, mit diesem Buch die Chancen, aber auch die Gefahrenpotenziale der Arbeit aus neurobiologischer, medizinischer und psychologischer Sicht zu analysieren. Doch kann eine solche Problemanalyse kein Selbstzweck sein. Das Buch soll für alle, die sich Gedanken um die Arbeit machen, also für Arbeitnehmer und Arbeitnehmerinnen, für ihre Vorgesetzten, für Arbeitgeber und Arbeitgeberinnen, für Gewerkschafter und Gewerkschafterinnen sowie für Politiker und Politikerinnen auch eine Navigationshilfe auf der Suche nach Lösungswegen sein[3].

Von der »Erfindung der Arbeit« zur »New Economy«

Wir müssen neu über Arbeit nachdenken, weil wir in einer Zeit enormer, die Arbeitswelt betreffender Umbrüche leben. Die menschliche Arbeit war seit ihren Anfängen – die »Erfindung« der Arbeit datieren Archäologen auf den Beginn der Sesshaftigkeit vor rund 12 000 Jahren[4] – ein ambivalentes, mit gewaltigen Chancen und zugleich abgründigen Gefährdungen verbundenes Projekt. Daran hat sich bis heute nichts geändert.

Immer wieder neu sind jedoch die Umstände und Kontexte, in denen sich der Mensch und seine Arbeit begegnen.

Wir leben heute in einer globalisierten Welt, deren Ressourcen – ungeachtet einer weiter wachsenden Weltbevölkerung – letztlich begrenzt sind. Der Wettlauf zwischen den Herausforderungen, die sich aus dem Ressourcenmangel ergeben, und der Erarbeitung immer wieder neuer Problemlösungen verlangt dem Menschen ungeheure Anstrengungen ab. Dabei lässt sich kaum bestreiten, dass der Mensch, evolutionär gesehen, nicht für die Arbeit »gemacht« ist – jedenfalls nicht für jene Art von Arbeit, wie wir sie heute haben. Vielleicht sind es aber gerade Herausforderungen, die uns immer wieder an unsere eigenen Grenzen bringen, für die unsere Spezies »gemacht« ist.

Die Veränderungen, die durch eine globalisierte Weltwirtschaft, durch das internationale Finanzsystem, durch neue Formen der Automatisierung, durch Informationstechnologien, permanenten Strukturwandel und die allgemeine Beschleunigung des Lebens verursacht wurden, haben eine gewaltige Wucht. Viele Menschen haben, selbst wenn sie sich und ihre Angehörigen wirtschaftlich noch einigermaßen gut über Wasser halten können, das Gefühl, auf der Oberfläche einer Art Tsunamiwelle zu schwimmen, von der niemand weiß, wohin sie uns treibt. Wo Flutwellen dabei sind, Menschen und Ressourcen zu beschädigen oder zu zerstören, müssen Dämme gebaut werden. Regulierender Dämme bedarf es heute dringender denn je, an erster Stelle im Bereich des internationalen Finanzsystems, dessen Auswirkungen auf den Arbeitssektor durchschlagend sind[5] – doch dieses zügellose System ist nur am Rande Thema dieses Buches. Hier soll es vor allem um jene Dämme gehen, mit denen wir im Nahbereich der Arbeit unser aller Gesundheit schützen müssen. Dieses Buch soll eine Art Kursbuch sein und Orientierung geben, worauf wir – aus Sicht der modernen Hirnforschung und der Medizin – unter den heutigen Bedingungen achten müssen, damit wir an unserer Arbeit Freude haben können, anstatt an ihr krank zu werden.

Wer zum Thema »Gesundheit und Arbeit« Stellung nimmt, kann nicht nur über die Arbeit selbst, sondern muss auch über einige Mechanismen sprechen, nach denen unsere Wirtschaft funktioniert, vor allem über die Art, wie Beschäftigte eingesetzt und von Arbeitgebern und Vorgesetzten behandelt bzw. geführt werden. Nicht nur Banken und große Konzerne, auch Beschäftigte und ihre Gesundheit sind »systemrelevant«. Nicht der Mensch ist an die Arbeit anzupassen – wie es seit den Tagen von Frederick Taylor, dem Erfinder des »Taylorismus«, bis heute immer wieder versucht wird –, sondern umgekehrt. Arbeitsbedingungen, wie sie in zahlreichen Branchen bzw. Berufen heute herrschen, widersprechen dem Grundsatz, dass »in erster Linie die Arbeit für den Menschen da ist und nicht der Mensch für die Arbeit«, wie es der legendäre polnische Papst Johannes Paul II. in einer dem Thema Arbeit gewidmeten Enzyklika ausdrückte[6].

Eine Verantwortung für das Gelingen guter Arbeit als Teil guten Lebens haben aber nicht nur Wirtschaft, Arbeitgeber und Vorgesetzte, sondern auch die Beschäftigten selbst. Die entscheidenden Grundlagen für Gesundheit, soziale und berufliche Kompetenz werden in den Jahren des Heranwachsens gelegt. Indem wir Kinder und Jugendliche derzeit weder hinreichend fördern noch fordern, sondern sie einer Wohlstands- und Medienverwahrlosung[7] überlassen, leisten wir einen Beitrag dazu, dass viele von ihnen sich später keiner Arbeit gewachsen fühlen werden.

Die Gefahr der gesundheitlichen Beschädigung des Lebens durch die Arbeit ist nicht neu. Die Belastung durch Arbeit betrifft die in den westlichen Ländern Lebenden sehr unterschiedlich. Menschen in Wohlstand und solche, die sich in ökonomischer Not befinden, sind unterschiedlich betroffen, wobei sich die Schere zwischen Wohlhabenden und dem Rest der Bevölkerung – wie entsprechende Zahlen zeigen – in den letzten Jahren weiter geöffnet hat. Doch ganz unabhängig von ihrer wirtschaftlichen Lage haben viele Menschen angesichts einer intransparent gewordenen, globalisierten Wirtschaft heute das Gefühl, eine Einflussnahme auf die Arbeitsverhältnisse sei gar nicht mehr möglich. Eine Art kombinierter Wohlstands- und Armutsfatalismus droht sich breitzumachen. Dies darf nicht passieren. Auch wenn die seinerzeitige Situation in den 80er-Jahren im Polen des ehemaligen Ostblocks mit der Lage im heutigen Mitteleuropa nicht vergleichbar ist, täte unserem Lande ein neuer, großer Diskurs über das Thema Arbeit gut. Polens »Solidarność«-Bewegung war nicht nur eine Arbeiterrevolte gegen ein autoritäres Regime, sie war auch ein zwischen den gesellschaftlichen Gruppen des damaligen Polen geführtes Streitgespräch über die Arbeit – ja mehr noch: sie definierte die »Arbeit als Gespräch«[8], das heißt als Forum der Kommunikation.

Arbeit als Resonanzerfahrung oder Entfremdung

Indem wir arbeiten, begegnen wir der Welt. Zum einen begegnen wir der äußeren Welt, die einst eine noch unberührte Natur war, deren Angesicht sich im Verlauf von zwölftausend Jahren menschlicher Zivilisation jedoch erheblich verändert hat.

Eine zweite Art von Weltbegegnung ist die mit uns selbst. Hier erleben wir – in einer spezifischen, durch die Arbeit bedingten Weise – unseren Körper, unsere Sinne, unsere Potenziale, aber auch unsere Grenzen. Auch die selbst erhaltenden, unsere Bedürfnisse befriedigenden Effekte des Arbeitens sind Teil dieser Selbstbegegnung, ebenso der Beitrag, den die durch Arbeit erworbene Erfahrungen und Kompetenzen zu unserer personalen Identität leisten. Schließlich bedeutet die Arbeit aber immer auch eine Begegnung mit anderen, mit unserem sozialen Umfeld. Dies gilt nicht nur dann, wenn wir unmittelbar gemeinschaftlich tätig sind. Auch wer alleine arbeitet, ist mit dem, was er oder sie tut, immer mittelbar oder unmittelbar auf andere bezogen. Indem sie uns unausweichlich in eine Begegnung mit anderen bringt, berührt die menschliche Arbeit also immer auch Fragen der sozialen Zugehörigkeit, sozialer Hierarchien und der Konkurrenz. Zu dieser dritten Art von Weltbegegnung gehört last but not least, dass wir uns nur gemeinsam mit anderen reproduzieren können – sicher nicht das einzige, aber ein fundamentales Motiv dafür, dass Menschen arbeiten.

Die drei genannten Dimensionen der Arbeit sind nicht nur in vielfältiger Weise untereinander verbunden, sie sind alle und jede für sich auch neurobiologisch »geerdet«. Da sie Bezug zu physischen und psychischen Bedürfnissen und Funktionssystemen des menschlichen Organismus haben, können sie uns sowohl gesund erhalten als auch krank werden lassen. Alle drei genannten Dimensionen der Arbeit bergen einerseits kreative (und dann in der Regel zugleich gesund erhaltende) Potenziale, sie können, vor allem wenn sie außer Kontrolle geraten und wenn sich verselbstständigte Prozesse entwickeln, aber auch zerstörerische Auswirkungen hervorbringen (und dann zu Krankheitsrisiken werden).

Das positive Potenzial, das sich aus der Begegnung mit unserer äußeren Welt ergibt, wird dort erkennbar, wo es gelingt, unsere Umwelt zu einem wohnlichen Ort zu machen. Das sich aus der zweiten Dimension, der Selbstbegegnung, ergebende schöpferische Potenzial wird dort sichtbar, wo wir durch Arbeit in uns gewachsene Kompetenzen erleben und die Arbeit zu einem Teil unserer Identität werden konnte. Das Potenzial der dritten, sozialen Dimension zeigt sich dort, wo wir durch die Arbeit Anerkennung, Zugehörigkeit und soziale Teilhabe erleben. Die jeweils destruktiven Gegenpole dazu sind in der ersten Dimension die Naturzerstörung, in der zweiten die Arbeitssucht, körperlicher Verschleiß, Burn-out und Depression, und in der dritten Dimension schließlich der Kampf um Anerkennung, um Ressourcen und die sich daraus ableitende Gewalt.

Wo uns das, was wir durch Arbeit zuwege gebracht haben, gefällt und Freude macht, wo wir uns in dem, was wir tun, in unserer Identität wiedererkennen und wo wir für das von uns Geleistete die Anerkennung und Wertschätzung anderer gewinnen, dort wird Arbeit zu einer *Resonanzerfahrung*. Die Suche nach Spiegelungs- und Resonanzerfahrungen ist ein neurobiologisch begründetes Grundmotiv menschlichen Lebens[9], eine Perspektive, die auch von philosophischer und soziologischer Seite geteilt wird[10]. Resonanzerfahrungen sind sinnstiftend, sie bedeuten das Erleben von Erfüllung und Glück. Der Ansicht, dass die Arbeit eine sinnstiftende Ressource ist, stimmen in Deutschland 84 Prozent der Beschäftigten zu[11]. Neurobiologisch werden Resonanzerfahrungen von der Ausschüttung von Gesundheit erhaltenden Botenstoffen begleitet. Wo Resonanzerfahrungen ausbleiben, wird die Arbeit zur Qual.

Arbeitsabläufe, in denen Beschäftigte keine Anerkennung erhalten, in denen sie sich selbst und den Sinn ihres Tuns nicht mehr erkennen können oder die zu Produkten führen, die nicht denen dienen, die diese Produkte erarbeitet haben, erzeugen das, was Karl Marx – in Anlehnung an einen bereits von Georg Wilhelm Friedrich Hegel geprägten Begriff – als »Entfremdung« bezeichnete[12]. Entfremdung ist im Arbeitsleben das Gegenstück zur Spiegelung, sie bedeutet das Ausbleiben von Resonanz und die Erfahrung von Sinnlosigkeit.

Keine Arbeit ist auch keine Lösung: Das Doppelgesicht der Arbeit zwischen Potenzial und Zerstörungspotenzial

Mit Blick auf die Doppelgesichtigkeit der Arbeit kann sich ein existenzielles Dilemma ergeben. Ohne Arbeit können wir nicht leben, nicht nur deshalb, weil wir uns selbst erhalten, unser Auskommen verdienen und die Voraussetzungen für unsere biologische Reproduktion schaffen müssen, sondern auch, weil wir über die Arbeit nach etwas streben, ohne das wir – auch aus neurobiologischen Gründen – nicht leben können: soziale Teilhabe, Wertschätzung, Anerkennung, persönliche Identität und Sinnstiftung. Doch was tun, wenn wir aus Gründen der Selbsterhaltung zwar gezwungen sind, zu arbeiten, dabei aber die genannten positiven Erfahrungen, die wir über die Arbeit zu finden suchen, nicht hinreichend oder gar nicht erhalten können?

Wenn Menschen stattdessen prekären Arbeitsverhältnissen ohne Verlässlichkeit, ökonomischer Ausbeutung, andauernder Überforderung ihrer Leistungsfähigkeit oder einem chronisch missachtenden, demütigenden oder feindseligen Arbeitsklima ausgesetzt sind?

Dass ein Herausgehen aus der Arbeit kein Ausweg aus diesem Dilemma ist, zeigen Statistiken zur Lage derer, die Arbeit suchen, aber keine finden. Denn neben denen, die unter stark belastenden Arbeitsbedingungen berufstätig sind, gibt es nur eine Gruppe, der es – mitsamt ihren Familien – hinsichtlich Gesundheit und allgemeinem Lebensgefühl noch schlechter geht: Das Millionenheer der Arbeitslosen. Keine Arbeit ist also auch keine Lösung.

Das Dilemma zwischen der hohen Bedeutung der Arbeit für den Menschen einerseits und den Schwierigkeiten, die sich aus den Kontexten der Arbeit ergeben können andererseits, bildet sich auch in statistischen Untersuchungen ab. Als sinnstiftend und damit wohl auch als Teil ihrer persönlichen Identität erleben ihre Arbeit, wie schon erwähnt, 84 Prozent aller Beschäftigten in Deutschland (wobei deutliche Unterschiede bestehen zwischen Akademikern mit 97 %, Technikern mit 85 %, Verkäuferinnen mit 81 %, Maschinenarbeitern mit 76 % und Hilfsarbeitern mit 60 %)[13]. Mehr als 70 Prozent aller Beschäftigten würden ihrer Arbeit angeblich selbst dann weiter nachgehen, wenn sie finanziell gar nicht darauf angewiesen wären[14]. Andererseits gaben in der gleichen Befragung 86 Prozent an, eine nur geringe oder gar keine emotionale Bindung an ihren Betrieb zu verspüren[15], 33 Prozent der Erwerbstätigen in Deutschland bewerten ihre Arbeit insgesamt als »schlecht«[16]. In Frankreich bezeichneten kürzlich 61 Prozent der Beschäftigten die Arbeit einerseits zwar als das Wichtigste (!) in ihrem Leben, während zugleich aber 24 Prozent beklagen, permanenter beruflicher Stress habe ihr Sexualleben – welches in unserem befreundeten Nachbarland mit Recht als ein Kulturgut wahrgenommen wird – anhaltend ruiniert[17].

Auch ein vom Freiburger Wirtschaftsforscher Bernd Raffelhüschen, gemeinsam mit Klaus-Peter Schöppner, zusammengestellter, auf empirischen Daten basierender »Glücksatlas« weist Aspekte der Arbeit unter den zehn wichtigsten Faktoren für Lebenszufriedenheit aus[18]. Arbeitslosigkeit rangiert bei Raffelhüschen und Schöppner unter den drei bedeutsamsten, in anderen Untersuchungen[19] gar als die Nummer eins unter den Unglücksfaktoren. Interessant sind hier gewisse Unterschiede zwischen den Geschlechtern. Obwohl die Arbeit inzwischen von über 70 Prozent der Befragten als die wichtigste Quelle des Selbstbewusstseins einer Frau wahrgenommen wird[20], scheint ihre Bedeutung bei Männern jene beim weiblichen Geschlecht noch zu übertreffen. Arbeitslosigkeit wird von Männern als ein weitaus stärker auf das persönliche Leben durchschlagender Unglücksfaktor empfunden als von Frauen[21]. Mit Blick auf das Risiko, eine Depression zu erleiden, wirkt sich Erwerbstätigkeit zwar bei beiden Geschlechtern vorbeugend aus, die Depression erzeugenden Effekte von Arbeitslosigkeit sind bei Männern jedoch deutlich stärker als beim weiblichen Geschlecht[22]. Arbeitslosigkeit hat bei Männern einen siebenfachen Anstieg der stationären Behandlungstage zwecks Behandlung einer psychischen Gesundheitsstörung zur Folge[23].

Die potenziell Gesundheit erhaltende Bedeutung der Arbeit zeigt sich auch daran, wie Menschen den Übergang in den Ruhestand erleben. Naheliegend ist, dass der Ruhestand vor allem dann, wenn eine Beschäftigung körperlich oder seelisch stark beanspruchend war, zunächst als Entlastung erlebt wird. Doch hat auch diese Medaille zwei Seiten. Bei der für den »Glücksatlas« durchgeführten Befragung fanden Raffelhüschen und Schöppner, dass ehemals Arbeitslose den Ruhestand als schlechteste Alternative zur Arbeitslosigkeit erleben. Selbst Leiharbeit, Minijobs oder Teilzeitarbeit wirkten sich auf die subjektiv erlebte Lebenszufriedenheit ehemals Arbeitsloser weitaus positiver aus[24]. Dem entspricht eine ganze Reihe objektiver Studien, die darauf hindeuten, dass vorzeitig aus dem Erwerbsleben ausscheidende Personen auch dann, wenn der Vorruhestand nicht durch besondere Gesundheitsprobleme verursacht war, eine signifikant verkürzte Lebenserwartung haben[25]. Interessanterweise ist dieser Effekt wiederum bei Männern stärker ausgeprägt, in einzelnen Studien sind Frauen von diesem Effekt sogar überhaupt nicht betroffen[26].

Pro und kontra Arbeit: Vom Alten Testament bis Karl Marx

Die Doppelnatur der Arbeit – ihr Potenzial und Zerstörungspotenzial – ist keine Neuentdeckung unserer Zeit. Sie wurde thematisiert, seit über die Arbeit nachgedacht und geschrieben wurde. Das Alte Testament, dessen Schöpfungslegende vor etwa 3 000 Jahren niedergeschrieben wurde (mit einer vermutlich weit älteren, mündlich tradierten Vorgeschichte), erwähnt die Arbeit sowohl als Option (»Macht euch die Erde untertan«[27]) wie auch als strafende Verpflichtung (»Im Schweiße deines Angesichts sollst du dein Brot essen«[28]). Streit um die Anerkennung für geleistete Arbeit war der Grund für den Brudermord des Kain an Abel[29]. Im klassischen Griechenland war die Arbeit – ebenso wie im Römischen Reich – verpönt, wer es sich leisten konnte, arbeitete nicht, sondern ließ arbeiten. In der jüdisch-christlichen Tradition dagegen wurde jeder geachtet, der seiner Arbeit nachging, und sei sie noch so unqualifiziert oder »nieder«. Jesus Christus war nicht nur der

Sohn eines Handwerkers, sondern selbst Handwerker[30], Gläubige verglich er mit Arbeitern in einem Weinberg[31]. Ruinöser Arbeitseifer schien Jesus Christus jedoch fremd gewesen zu sein (»Seht die Vögel unter dem Himmel, sie säen nicht, sie ernten nicht, sie sammeln nicht in Scheunen, und euer himmlischer Vater nährt sie doch«[32]). Von Paulus, einem der ersten christlichen Missionare, von Beruf Segeltuchmacher, stammt dagegen der berühmte Satz »Wer nicht arbeiten will, soll auch nicht essen«[33], ein Diktum, das knapp 2 000 Jahre später von Lenin, dem Gründer der Sowjetunion, ausdrücklich zum »sozialistischen Prinzip« erklärt wurde (»Wer nicht arbeitet, der soll auch nicht essen«[34]).

Die große Mehrheit der großen Denker ließ und lässt keinen Zweifel an der Notwendigkeit, dass der Mensch arbeiten müsse. Viele versahen dieses Diktum aber zugleich mit einer Warnung. Martin Luther (1483–1546) erklärte, der Mensch sei »zum Arbeiten geboren wie der Vogel zum Fliegen«[35], er ermahnte seine Schäfchen, »nicht faul und müßig [zu] sein«[36] und wetterte gegen Bettler vor den Kirchentüren. Immanuel Kant (1724–1804) sah die Arbeit als sittliche Pflicht und sprach sich dafür aus, schon Kindern die Neigung zu Arbeit in der Schule zu lehren[37]. Zwar äußerte er »Je mehr wir beschäftigt sind, je mehr fühlen wir, dass wir leben, und desto mehr sind wir uns unseres Lebens bewusst«[38], bedachte aber auch: »Die Natur hat auch den Abscheu für anhaltende Arbeit manchem Subjekt weislich in seinen … Instinkt gelegt: weil dieses etwa keinen langen oder oft wiederholenden Kräfteaufwand ohne Erschöpfung vertrug, sondern gewisser Pausen der Erholung bedurfte.«[39] Eine aus heutiger Sicht erstaunlich vorausschauende Aussage. Weniger ambivalent und völlig kongruent mit dem Geist der Französischen Revolution, erachtete Friedrich Schiller (1759–1805) – in seinem Gedicht »Die Glocke« – die Arbeit bekanntlich als »des Bürgers Zierde«.

Wer gehofft haben sollte, das vom Protestantismus, Calvinismus und deutschen Idealismus formulierte Arbeitsethos sei von der sozialistischen Bewegung infrage gestellt worden, sieht sich enttäuscht. Karl Marx (1818–1883) sah »die ganze sogenannte Weltgeschichte« als »nichts anderes als die Erzeugung des Menschen durch die menschliche Arbeit«[40]. Seine Kritik galt also keineswegs der Arbeit an sich, sondern ausschließlich dem Umstand, dass die kapitalistischen Produktions- und Arbeitsbedingungen (Monotonie, subjektiv erlebte Sinnlosigkeit der Arbeitsabläufe, Fremdbestimmung und ökonomische Ausbeutung) die Beschäftigten von ihrer Arbeit entfremdeten. Auch das sozialdemokratische »Gothaer Programm« von 1875 sah eine »allgemeine Arbeitspflicht« vor, Karl Kautsky drang allerdings zugleich darauf, »dass dem Arbeiter die nötige Muße gegeben wird«[41]. Einen Kontrapunkt zum Arbeitsethos des Protestantismus und seinem säkularen Pendant bei den Linken setzte der aus Kuba stammende Paul Lafargue (1842–1911), Schwiegersohn von Karl Marx[42]. In seiner überaus amüsant zu lesenden Polemik propagierte Lafargue »das Recht auf Faulheit«, welches er kurzerhand zur »Mutter der Künste und der edlen Tugenden« erklärte[43]. Gegen die »Arbeitssucht«, von der er »die Arbeiterklasse aller Länder« befallen sah, zitierte Lafargue aus einem Gedicht von Gotthold Ephraim Lessing (1729–1781): »Lasst uns faul sein in allen Sachen/Nur nicht faul zu Lieb und Wein/Nur nicht faul zur Faulheit sein.«[44]

Menschliche Arbeit aus der Perspektive Ernst Jüngers, Ernst Blochs und Hannah Arendts

Von den vielen Autoren des 20. Jahrhunderts, die sich zur Frage der menschlichen Arbeit geäußert haben, seien an dieser Stelle hier abschließend nur drei erwähnt. Sie haben das zeitgenössische Denken über die Arbeit bis heute besonders nachhaltig beeinflusst. Im politisch rechten Lager war dies Ernst Jünger (1895–1998) mit seinem 1932 veröffentlichten Text »Der Arbeiter«, auf der eher links-intellektuellen Seite Ernst Bloch (1885–1977) mit »Prinzip Hoffnung«, und schließlich die keinem politischen »Lager« zuzuordnende Hannah Arendt (1906–1975) mit ihrem Hauptwerk »Vita activa oder Vom tätigen Leben«.

Jünger entwarf die Welt als einen Ort totaler Arbeit: »Der Arbeitsraum ist unbegrenzt, ebenso wie der Arbeitstag 24 Stunden umfasst … Es gibt … keinen Gesichtswinkel, der nicht als Arbeit begriffen wird.« In Anlehnung an Nietzsches »Wille zur Macht« stellte Jünger den »Aufbereitungs-, Zerstörungs- und Bemächtigungscharakter« der Arbeit in den Mittelpunkt, wie es Severin Müller in seiner sehr lesenswerten »Phänomenologie und philosophischen Theorie der Arbeit« ausdrückte, wohingegen »Rationalität und Vernunft [bei Jünger] sekundär« blieben[45]. Den Arbeiter, den er als eine durch nichts aufzuhaltende, die bürgerliche Gesellschaft zerstörende menschliche Maschine beschrieb, glorifizierte Jünger als eine Art Übermenschen nietzscheanischer Prägung. Jüngers Vorstellung der totalen Arbeit antizipierte den »totalen Krieg« der Nationalsozialisten, mit denen er zeitweise stark sympathisierte. Jünger entwarf die Arbeit als »Vorgang unbeschränkt fiktionaler, und fantastisch entwerfender

Imagination«[46]. Sie war für ihn das Mittel zur Verwirklichung einer alle natürlichen Dimensionen sprengenden, megalomanen und martialischen neuen Welt.

Ernst Bloch sah – darin Karl Marx und Friedrich Engels folgend – die »Arbeit als Mittel der Menschwerdung«. Er hatte die Wechselwirkungen zwischen Mensch und Arbeit und die sich daraus für den Menschen ergebenden Chancen der Selbstverwirklichung im Auge: »[Der Mensch] wird in seiner Arbeit und durch sie immer wieder umgebildet«[47]. Bloch sah in der Arbeit des Menschen Merkmale »eines nie entsagenden Traums nach vorwärts«[48].

Hannah Arendts Blick auf die Arbeit orientiert sich – im Gegensatz zu Nietzsche, Jünger und Bloch – weniger an deren testosteronaffinen utopischen Perspektiven der Arbeit, sondern an der biologischen und psychologischen Situation des Menschen. »Die Arbeit entspricht dem biologischen Prozess des menschlichen Körpers, der ... sich von Naturdingen nährt ... um sie als die Lebensnotwendigkeit dem menschlichen Organismus zuzuführen.« Arendts Feststellung, dass »die Grundbedingung, unter der die Tätigkeit des Arbeitens steht, ... das Lebens selbst [ist]«[49], macht deutlich, dass sie die Arbeit als Ausdruck sowohl des Mangels bzw. der Bedürftigkeit als auch der Potenziale des Menschen sah (auf ihre Unterscheidung zwischen »Arbeit« und »Herstellung« wird in Kapitel 6 Bezug genommen werden). Arendts weibliches, biologisch geerdetes Konzept steht der Perspektive des Autors dieses Buches, der die Arbeit als Neurobiologe, Mediziner und Psychotherapeut beleuchten möchte, verständlicherweise besonders nahe[50].

2

Arbeit trifft Gehirn:
Die neurobiologische Klaviatur der Arbeit

Was sind die Regeln, nach denen sich entscheidet, was die Arbeit mit dem Menschen macht, ob sie uns guttut und gesund erhält oder nicht? Die von vielen geteilte Meinung, es sei das »zu viel«, was die Arbeit zu einem Krankmacher werden lasse, ist nicht nur schlicht, sondern schlicht falsch. Auch zu wenig oder keine Arbeit zu haben kann einen Menschen so nachhaltig ruinieren wie die Arbeit selbst. Dass es einfach »Stress« sei, der krank mache, ist ebenfalls Unsinn. Stress kann unter bestimmten Voraussetzungen ausgesprochen gesund sein. Der »Stress« ist keine Erfindung unserer Zeit[51]. Aus evolutionärer Sicht spricht sogar einiges dafür, dass der Mensch geradezu für Herausforderungen »gemacht« ist. Doch die Frage ist: Für welche? Was sind die Voraussetzungen dafür, dass es zwischen Mensch und Arbeit passt? Bei dem Versuch, die positiven und negativen Auswirkungen der Arbeit auf die Gesundheit und psychische Verfassung des Menschen zu verstehen, erscheint mir ein medizinischer – und insbesondere neurobiologischer – Ansatz sinnvoll. Dieses Kapitel soll eine wissenschaftlich fundierte Grundlage dafür legen.

Wechselwirkungen zwischen Körper und Psyche

Wenn Mensch und Arbeit sich begegnen, sind sowohl die physischen (körperlichen) als auch die psychischen (seelischen) Systeme des Menschen herausgefordert. Physische Belastungen standen, wenn es um die Arbeit des Menschen ging, über Jahrtausende im Vordergrund. Daran begann sich erst mit der industriellen Revolution im 19. Jahrhundert etwas zu ändern: Zu den unvermindert weiter bestehenden physischen kamen jetzt zusätzlich signifikante, unmittelbar arbeitsbedingte psychische Beanspruchungen hinzu.

Viele Menschen waren mit Beginn des industriellen Zeitalters erstmals gezwungen, an Maschinen zu arbeiten oder monotone Arbeiten zu verrichten. Dies erklärt, warum mit dem Eintritt ins Maschinenzeitalter Mitte des 19. Jahrhunderts eine neue medizinische Störung, die sogenannte »Neurasthenie« (eine heute nicht mehr verwandte Bezeichnung für eine Erschöpfung des Nervensystems) auftauchte. Die »Depression«, wie wir sie heute kennen, war seinerzeit noch keine medizinische Kategorie.

Die mit der Arbeit verbundenen *körperlichen* Belastungen sind in den Ländern der westlichen Hemisphäre seit den 80er-Jahren des letzten Jahrhunderts auf dem Rückzug und spielen heute in Westeuropa in vielen Bereichen nur noch eine nachgeordnete Rolle. Entsprechend zurückgingen daher auch die durch direkte körperliche Beanspruchung ausgelösten Erkrankungen. Stattdessen haben sich in den westlichen Ländern neue arbeitsbedingte Stressoren (Beschleunigung, Hetze, Fragmentierung und Multitasking) entwickelt. Psychische – und damit verbundene neurobiologische – Belastungen durch die Arbeit und die durch sie ausgelösten Gesundheitsstörungen stehen inzwischen im Vordergrund. Allerdings sind in manchen Branchen (z. B. Teilen der Industrie, im Transport- oder im Reinigungswesen sowie im Gastgewerbe) und einigen Berufen (z. B. in Pflege- und einigen Handwerksberufen) körperliche Belastungen nach wie vor erheblich. Daher bleibt der Schutz vor körperlicher Fehl- oder Überbeanspruchung durch die Arbeit auf der Tagesordnung.

Die Erhaltung und Pflege der körperlichen Gesundheit ist nicht nur des Körpers selbst wegen, sondern auch der Psyche wegen von Belang. Ausreichende Bewegung, fett- und zuckerarme Ernährung, möglichst weitgehende Abstinenz bei Alkohol und Nikotin und ausreichender Schlaf sind von überragender Bedeutung, denn sie dienen nicht nur der körperlichen, sondern auch der psychischen Gesundheit. Mit der unmittelbaren körperlichen Fitness zusammenhängende Fragen wurden in den letzten Jahren bereits ausgiebig an anderer Stelle thematisiert. Wenig beschrieben wurde in den letzten Jahren allerdings, welche spezifische, psychische bzw. neurobiologische Systeme gefordert sind, wenn der moderne Mensch arbeitet. Da sich psychische und physische Gesundheit nicht trennen lassen, kann ein psychisch bzw. neurobiologisch geschwächter Organismus auch keine körperlichen Leistungen erbringen. Ein psychisch gut aufgestellter Mensch dagegen wird selbst dann wertvolle Arbeit leisten können, wenn sein Körper mit einem Handicap zurechtkommen muss. Welche für die seelische Gesundheit relevanten neurobiologischen Systeme sind es also, auf welche die Arbeit einwirkt?

Das Motivationssystem

Das sogenannte Motivationssystem ist eine für die Verrichtung von Arbeit fundamentale neurobiologische Struktur. Dieses System besteht aus einem in der Mitte des Gehirns gelegenen Nervenzellnetzwerk, dessen Botenstoffe für die Erzeugung von Motivation und Lebensfreude unverzichtbar sind[52]. Das deutsche Wort »Motivation« beruht auf dem lateinischen Wort »movere«, welches »bewegen« bedeutet. Motivation ist also die Fähigkeit, sich mit dem Geist oder auch körperlich auf etwas zuzubewegen.

Dass die Motivation einen sowohl psychischen wie physischen Aspekt hat, wird auch daran deutlich, dass der Hauptbotenstoff des Motivationssystems, Dopamin, nicht nur die *psychische* Energie erzeugt, die wir benötigen, um ein Vorhaben engagiert – oder gar lustvoll – angehen zu können, sondern uns auch befähigt, uns *körperlich* auf etwas hinbewegen zu können.

Die Nervenzellen des Motivationssystems produzieren einen Botenstoff-Cocktail aus drei Bestandteilen: Neben dem bereits erwähnten Dopamin enthält der Cocktail sogenannte »endogene Opioide« (Schmerz lindernde Wohlfühlbotenstoffe) und den Botenstoff Oxytozin. Oxytozin ist ein Einfühlungs- und Vertrauenshormon.

Fühlende Lebewesen wie der Mensch wollen sich gut fühlen – eine Erkenntnis, die auf Charles Darwin zurückgeht[53] und später von Sigmund Freud als »Lustprinzip« bezeichnet wurde. Der menschliche Organismus sehnt sich nach guten Gefühlen. Doch diese sind, neurobiologisch betrachtet, nur zu haben, wenn das Motivationssystem unseres Gehirns beginnt, seinen Cocktail anzurichten. Dies ist der Grund, warum alles menschliche Verhalten eine – überwiegend unbewusste, teils aber durchaus auch bewusste – Tendenz hat, vor allem solche Erlebnisse zu suchen und solche Handlungen auszuführen, die zur Folge haben, dass das Motivationssystem seinen Botenstoff-Cocktail produziert. Zahlreiche Studien der letzten Jahre zeigen, dass das Motivationssystem unseres Gehirns vor allem dann anspringt, wenn uns von anderen Menschen Wertschätzung, Anerkennung, Sympathie oder gar Liebe entgegengebracht werden. Da soziale Akzeptanz uns also via Aktivierung unseres Motivationssystems angenehme Empfindungen bereitet, sind Menschen willens, dafür eine Menge zu tun, ja dafür sogar Anstrengungen und Entbehrungen auf sich zu nehmen. Vor allem sind Menschen aus diesem Grunde bereit, dafür das zu tun, worum es in diesem Buch geht: zu arbeiten[54].

Auch wenn es vielen möglicherweise nicht bewusst sein mag, so ist es doch eine Tatsache: Ein zentrales, neurobiologisch (!) begründetes Motiv für die Bereitschaft des Menschen zu arbeiten ist der Wunsch nach direkter oder indirekter Anerkennung. Anerkennung ist etwas anderes als ein oft billiges Schulterklopfen oder ein vordergründiges Lob. Anerkennung bedeutet auch nicht, andere in Watte zu packen oder zu verwöhnen. Kein Mensch, der über eine halbwegs intakte Intelligenz verfügt, empfindet hohle Floskeln, Leerformeln oder Verwöhnung als Anerkennung. Anerkennung ist ein sehr komplexes Konstrukt. Anerkennung zu geben bedeutet vor allem, den anderen Menschen zu »sehen« und ihm – und dem, was er bzw. sie tut – eine Bedeutung zuzumessen. Zwar gehört zur Anerkennung ohne Frage die Bereitschaft, Anstrengungen zu loben und zu belohnen, Anerkennung schließt aber auch die kritische Begleitung mit ein. Dies gilt im kollegialen Miteinander, in der Mitarbeiterführung, aber zum Beispiel auch in der Pädagogik. Jemanden ausnahmslos und fortwährend zu loben oder zu verwöhnen, ohne jemals einen kritischen Aspekt anzusprechen, ist eine besondere – in der Pädagogik unserer Tage übrigens gar nicht so seltene – Form der Missachtung, des »Nicht-Sehens«.

Anerkennung gewinnt ihren Wert für diejenigen, denen sie zuteilwird, erst dadurch, dass sie vor dem Hintergrund einer gleichermaßen freundlichen wie auch kritischen Begleitung erarbeitet wurde. Direkte, persönliche Anerkennung am Arbeitsplatz berührt die Frage guter Mitarbeiterführung und des kollegialen Klimas. Ebenso wichtig wie die direkte, persönliche Wertschätzung sind verschiedene andere Formen der Anerkennung. Diese erhalten Erwerbstätige in mehrerlei Hinsicht. An erster Stelle ist hier der für die Arbeit gezahlte Lohn zu nennen. Geld, dessen »Erfindung« der »Erfindung der Arbeit« nachfolgte, ist ein Anerkennungsersatz für geleistete Arbeit (die davon weitgehend losgelöste Bedeutung, die das Geld im Kapitalismus erworben hat, bleibt hier außer Betracht)[55]. Eine weitere, überaus wichtige Anerkennung für das, was am Arbeitsplatz geleistet wird, erleben Menschen in der Regel auch durch ihr privates soziales Umfeld. Durch Arbeit für die Seinen zu sorgen und sich auf diesem Wege deren Verbundenheit und Liebe zu sichern ist ein – oft nur unbewusst wirksames – Hauptmotiv zu arbeiten. Dies zeigt sich vor allem an den massiven Einbrüchen der Motivation, die auf private Trennungen folgen können – vor allem wenn es sich um nicht gewollte, sondern erlittene handelt.

Mit Recht erwarten alle einen angemessenen finanziellen Lohn für geleistete Arbeit. Er ist ein zentrales Kriterium der Anerkennung. In der realen Welt der knappen Ressourcen, in der wir leben, muss der gerechte Anteil derer, die arbeiten, an dem durch die Arbeit erzeugten Mehrwert ausgehandelt und notfalls erkämpft werden. Wenn allerdings alle anderen Formen der Anerkennung – vor allem die Anerkennung am Arbeitsplatz und persönliche Wertschätzung im privaten Umfeld – ausbleiben, dann kann auch ein guter Lohn oft nicht verhindern, dass die Arbeit am Ende unerträglich wird. Geld kann nur begrenzt leisten, was soziale Anerkennung, Wertschätzung und ein gutes Arbeitsklima vermögen: das Motivationssystem des Menschen und die Ausschüttung seiner Motivationsbotenstoffe in Fahrt zu bringen.

Fehlende Wertschätzung, entwürdigende Umgangsweisen, schlechtes Arbeitsklima, fehlender kollegialer Zusammenhalt oder Mobbing sind Motivationskiller und machen krank. Gute Arbeit dagegen kann ein gutes Lebensgefühl erzeugen und die Gesundheit stärken.

Das Empathiesystem

Dass die Fähigkeit zur Empathie eine Voraussetzung für das Gelingen der Arbeit und den Erhalt der Gesundheit am Arbeitsplatz ist, dürfte bei einigen – vor allem bei den männlichen Geschlechtsgenossen –Verwunderung auslösen. Warum sich Männer mit der Anerkennung der Bedeutung von Empathie schwerer tun als Frauen, hat mit Besonderheiten des männlichen Gehirns zu tun, die an späterer Stelle noch zur Sprache kommen werden.

Der Begriff der »Empathie« meint in der deutschen Sprache sowohl die Fähigkeit, sich in einen anderen Menschen einfühlen zu können, als auch die Bereitschaft, sich emotional an die Seite dieses anderen Menschen zu stellen. Diese beiden Aspekte werden in der englischen Sprache – jedenfalls in der modernen Fachliteratur – jedoch unterschieden: »empathy« meint lediglich die Fähigkeit, die Gefühle eines anderen fühlen zu können, auch wenn *keine* Bereitschaft vorhanden ist, dem anderen auch zu helfen (man würde hier im Deutschen am ehesten von »Einfühlungsvermögen« sprechen). Demgegenüber wird die Bereitschaft, sich emotional an die Seite eines anderen Menschen zu stellen und ihm (oder ihr) zu helfen, im Englischen als »sympathy« bezeichnet (man könnte hier im Deutschen von »mitfühlender Anteilnahme« sprechen)[56]. Zur »empathy« und »sympathy«, die beide eine eher emotionale Qualität beschreiben, kommt etwas Drittes hinzu, nämlich die Fähigkeit, sich *rational,* also überwiegend emotionsfrei und nüchtern vorstellen zu können, wie ein anderer Mensch die Welt sieht und was die Motive sind, die sein Verhalten leiten. Hier sprechen wir im Deutschen von der Fähigkeit zum Perspektivenwechsel (im Englischen spricht man von der Fähigkeit zur »theory of mind«).

Beides, Empathie (womit nachfolgend »empathy« *und* »sympathy« gemeint sind) und die Fähigkeit zum Perspektivenwechsel sind für die Arbeit des Menschen von Bedeutung. Arbeit bedeutet fast immer Zusammenarbeit, sei es direkt oder indirekt. Wer arbeitet, hat es mit Kollegen und Kolleginnen, Vorgesetzten oder Mitarbeitern, als Selbstständiger auch mit Geschäftspartnern zu tun. Jede Art der Zusammenarbeit, und ganz besonders die Arbeit in Teams, erfordert die Fähigkeit, zu verstehen, was die jeweils anderen tun, was ihre Beweggründe für das sind, was sie tun, und wie sie sich dabei fühlen.

Hinzu kommt, dass alles, was Menschen bei der Arbeit tun, letztlich für bestimmte Kunden oder Verbraucher getan wird.

Nicht alle, die arbeiten, aber alle, die Dienstleistungen erbringen, stehen mit ihren Kunden in direktem Kontakt. Der Wandel unserer westlichen Gesellschaften von überwiegenden Industrie- zu Dienstleistungsgesellschaften hat den Anteil derer massiv ansteigen lassen, die bei ihrer Arbeit im direkten Kontakt mit Kunden, Klienten oder Patienten, mit Studenten, Schülern oder zu betreuenden Kindern stehen. Arbeit, bei der Erwerbstätige in Kontakt mit anderen Menschen kommen, kann – gerade weil sich die Möglichkeit bietet, sich auf die Bedürfnisse der anderen einzustellen – besondere Freude machen. Sie kann aus dem gleichen Grunde aber auch besonders anstrengend sein. Die von Dienstleistenden zu erbringende »Emotionsarbeit« kann beglücken, sie kann einen Menschen aber auch erschöpfen.

Die neuronalen Systeme, die es dem Menschen erlauben, sich in andere emotional einzufühlen, deren Perspektive einzunehmen und sie zu verstehen, sind noch nicht lange bekannt. Sie konnten erst in den letzten 20 Jahren aufgeklärt werden.

Die Fähigkeit, sich in andere Menschen einfühlen zu können und sie intuitiv zu verstehen, beruht auf einem neuronalen Resonanzsystem[57]. Was ist Resonanz? Ein im Alltag beobachtbares und vielen Menschen gut bekanntes Resonanzphänomen besteht darin, dass eine mit der Hand angeschlagene, klingende Saite eine zweite, auf den gleichen Ton gestimmte Saite zum Mitschwingen und Mitklingen bringen kann. Etwas ganz Ähnliches kann sich zwischen zwei menschlichen Gehirnen abspielen: Handlungen, die eine Person (Mensch A) ausführt, aber auch Gefühle, die diese Person (Mensch A) fühlt, können im Gehirn eines zweiten Menschen (Mensch B) einen neuronalen Zustand erzeugen, der dem neuronalen

Zustand der von ihm beobachteten Person (Mensch A) wie ein Spiegelbild gleicht.

Die spiegelbildliche Resonanz, die ein anderer Mensch (Mensch A) in meinem Gehirn (Mensch B) erzeugen kann, lässt mich ohne großes Nachdenken zu einem gewissen Grade intuitiv *verstehen*, was der andere beabsichtigt oder fühlt. Zudem erzeugt diese Resonanz eine intuitive Tendenz, eine beobachtete Handlung selbst auszuführen (»Lernen am Modell«) oder beim anderen wahrgenommene Gefühle selbst zu fühlen (»Emotionale Ansteckung«).

Die Resonanzsysteme des menschlichen Gehirns beruhen nicht auf Magie. Eine verstehende Resonanz hervorrufen kann ein anderer Mensch (Mensch A) in mir (Mensch B) nur dann, wenn dieser andere Mensch sich im Wahrnehmungsbereich meiner fünf Sinne befindet[58]. Am Arbeitsplatz kann mich ein anderer Mensch also nur dann mit seiner (guten oder übellaunigen) Stimmung anstecken, wenn ich seine Sprache oder Körpersprache hören oder beobachten kann. Mein neuronales Resonanzsystem kann mir also ohne anstrengendes Nachdenken melden, was Kolleginnen oder Kollegen, die sich in meinem Umfeld befinden, meinen, beabsichtigen oder wie sie sich fühlen. Außerdem gibt es die Möglichkeit, durch die Art meines Auftretens die Resonanzsysteme meiner Kollegen ebenso wie meiner Mitarbeiter, Kunden, Klienten oder Patienten »anzustecken«. Menschen, die dazu in der Lage sind, haben »Ausstrahlung«. Jeder Mensch kann prinzipiell – allerdings unterschiedlich gut – beides, Resonanz empfangen und ausstrahlen. Die Fähigkeit, Mitarbeiter intuitiv einerseits gut zu verstehen, sie zugleich aber auch effektiv mit der eigenen »Ausstrahlung« (z. B. mit Optimismus, Energie und Freundlichkeit) anzustecken, ist ein entscheidendes Kriterium guter Mitarbeiterführung.

Welches Geschlecht hat im statistischen Durchschnitt die besseren Resonanzsysteme und kann sich in andere besser einfühlen? Was wir ahnen, ist auch wissenschaftlich nachweisbar: Frauen verfügen nicht nur über eine bessere Fähigkeit, andere zu verstehen[59], sondern können als Folge davon andere auch besser zur Geltung kommen lassen (Ausnahmen bestätigen die Regel). Frauen sind – wiederum im statistischen Mittel – auch die besseren Teamspieler. Daher kann nicht überraschen, dass wissenschaftliche Experimente belegen, dass die »Anreicherung« eines Arbeitsteams mit Frauen den Intelligenzquotienten dieses Teams und seine Leistungsfähigkeit erhöht[60].

Der Gesamt-Intelligenzquotient eines Teams ergibt sich keineswegs aus dem Durchschnitt der Intelligenzquotienten seiner einzelnen Mitglieder, sondern aus der Fähigkeit der Mitglieder, miteinander zu kooperieren. Studien zeigen, dass diese Kooperationsfähigkeit und der durch sie erzeugte Intelligenz- und Leistungsquotient der Gruppe durch einzelne Mitglieder mit guter Einfühlungsfähigkeit – und das sind vor allem Frauen – erhöht wird. Dies bedeutet nicht, dass nicht auch Männer zur Einfühlung fähig wären. Männer besitzen im statistischen Durchschnitt jedoch weniger von einem Hormon, welches die Fähigkeit zu Einfühlung und Vertrauen erhöht: Es ist das bereits erwähnte Oxytozin[61]. Dies ist der neurobiologische Grund, warum wir in einer gefährdeten Welt, in der die Fähigkeit zu Kooperation nicht nur am Arbeitsplatz wichtiger ist als je zuvor, mehr Frauen in Führungspositionen brauchen.

Welche Chancen bestehen, die Kooperationsfähigkeit von Menschen am Arbeitsplatz zu verbessern? Emotionale Resonanz und die intuitive Fähigkeit, sich *emotional* in andere einzufühlen, lässt sich, soweit man derzeit weiß, nur sehr langsam und daher nur langfristig trainieren[62]. Was sich jedoch sehr gut trainieren lässt, ist die *rationale Fähigkeit zum Perspektivenwechsel* (also die Fähigkeit zur bereits oben erwähnten »theory of mind«). Das für diese Fähigkeit zuständige neuronale System befindet sich im Stirnhirn.

Die Fähigkeit, die Perspektive anderer einzunehmen, kann ab dem dritten Lebensjahr gelernt werden und ist der Hauptinhalt eines jahrelangen Prozesses, den wir »Erziehung« nennen. Wer schon als Kind gelernt hat, sich Gedanken darüber zu machen, wie sich das, was ich selbst tue, für andere darstellt, hat es, wie Studien zeigen[63], im späteren Leben leichter.

Das Stirnhirn kann lebenslang weiterlernen. Sich auf dem Wege des Nachdenkens eine Vorstellung davon zu machen, wie bestimmte Situationen auf andere Menschen wirken und welche Beweggründe das Verhalten anderer Menschen leiten, kann man auch als Erwachsener üben, allerdings nicht alleine. Um sich darin zu üben, braucht man andere Menschen und eine geeignete Übungssituation. Ein ideales Terrain für ein solches Üben sind Supervisionsgruppen und Führungskräfteseminare[64]. Die Meinung, dass nicht nur diejenigen die Möglichkeit zu einem solchen Training erhalten sollten, die es sich finanziell leisten können, sondern alle Erwerbstätigen, wird auch vom Bundesministerium für Arbeit und Soziales geteilt[65].

Zwei neuronale Stresssysteme

Stress gehört zum Leben und ist zunächst nichts Schlechtes. Der Mensch – dies lässt sich schon bei Kindern beobachten – liebt Herausforderungen, allerdings nur dann, wenn sie sich bewältigen lassen. Eine schwierige Aufgabe gelöst zu haben führt zu Anerkennung, sowohl bei sich selbst (Stolz) als auch bei anderen (Bewunderung). Herausforderungen sind daher eine wichtige Voraussetzung dafür, dass das bereits erwähnte Motivationssystem in Fahrt kommt. Die Frage, warum Stress uns sowohl gesund erhalten als auch krank machen kann, lässt sich beantworten, wenn wir einen Blick auf jene Systeme unseres Gehirns werfen, auf die der Stress einwirkt. Von *einem* Stresssystem zu sprechen ist nicht mehr zutreffend, seit erst vor wenigen Jahren ein zweites, bis dahin unbekanntes Stresssystem entdeckt wurde. Dieses neu entdeckte System ist für die moderne Arbeitswelt mindestens ebenso relevant wie das bis dahin bekannte, »klassische« Stresssystem.

Das »klassische«, seit Mitte des letzten Jahrhunderts bekannte Stresssystem des Gehirns wird immer dann aktiv, wenn Menschen eine *konkrete* Aufgabe zu bewältigen haben. Demgegenüber kommt das zweite, erst vor Kurzem entdeckte Stresssystem immer dann – und nur dann – zum Zuge, wenn *keine* konkrete Aufgabe zu erledigen ist, sondern wenn ein diffuses Umfeld zu überwachen ist, wenn also eine Situation herrscht, in der jederzeit irgendetwas passieren kann, dabei aber nicht klar ist, was es sein wird. Man könnte dieses Stresssystem als »Unruhe-Stresssystem« bezeichnen[66]. Viele moderne Arbeitsplätze beanspruchen dieses System in besonderer Weise.

Das »klassische« Stresssystem

Wenn keinerlei konkrete Aufgaben anstehen und zudem nichts zu überwachen ist, dann befindet sich der menschliche Körper in einem Ruhe- oder Gleichgewichtszustand, den Mediziner als »Homöostase« bezeichnen: Atmung, Herzschlag und Blutdruck befinden sich im Ruhezustand. Sobald wir uns jedoch einer plötzlichen, klar definierten Herausforderung gegenübersehen, ist die »Homöostase« beendet. Nun springt das »klassische« Stresssystem an, der Körper wechselt in die sogenannte »Allostase«.

Herausforderungen, welche das Stresssystem aktivieren und »Allostase« verursachen, kannten bereits unsere evolutionären Vorfahren. Um einem Raubtier zu entkommen, um ein Beutetier zu jagen, einen Baum zu erklimmen, einen Fluss zu überqueren oder ein Kind zu retten, musste der Körper sehr schnell in einen leistungsbereiten Zustand gebracht werden. Gefordert sind in solchen Stresssituationen vor allem Atmung, Kreislauf, Gehirn und Bewegungsapparat. Notfalls innerhalb weniger Minuten müssen Herzschlagfrequenz, Blutdruck und die Bereitstellung des Energielieferanten Glucose massiv erhöht werden.

Weder die Flucht vor wilden Tieren noch die Jagd mit Pfeil und Bogen gehören zum Anforderungsprofil des modernen Menschen. Doch obwohl sich die Aufgabenstellungen fundamental gewandelt haben, reagiert das »klassische« Stresssystem auch beim modernen Menschen. Es wird immer dann aktiv, wenn konkrete Leistungen oder Erledigungen gefordert sind, seien sie körperlicher oder geistiger Art.

Hohe Schwierigkeitsgrade der zu erledigenden Aufgabe, große Arbeitsmengen und Zeitdruck erzeugen Situationen, die von unserem Körper genauso wahrgenommen werden wie eine gefährliche Flucht- oder Jagdsituation zur Zeit unserer evolutionären Vorfahren. Auch beim modernen Menschen wechselt der Körper dann von der Homöostase zur Allostase. Die Steuerung bei diesem Wechsel übernimmt das Gehirn, wobei im Stresszentrum des Gehirns ein Stressgen aktiviert wird, was zur Folge hat, dass es im Körper innerhalb weniger Minuten zu einem Anstieg des Stressbotenstoffes Cortisol kommt[67]. Gleichzeitig wird das sogenannte »sympathische Nervensystem« aktiviert, welches mit seinem Botenstoff Adrenalin die Atmung, das Herz und den Kreislauf in Fahrt bringt (zusätzlich wird im Hirnstamm der Schwesterbotenstoff Noradrenalin freigesetzt).

Wie bereits eingangs festgestellt, ist »Stress« an sich nichts Schlechtes, im Gegenteil. Die durch konkrete Aufgaben angeworfene Stressreaktion dient dem Zweck, die eigenen Leistungsreserven zu aktivieren. Ein aktivierter Kreislauf, ein mit Glucose versorgtes Gehirn und ein gut mit Sauerstoff versorgter Organismus verbessern die Chance, eine Aufgabe zu bewältigen bzw. zu beherrschen. Und genau hier, bei der Beherrschbarkeit einer gestellten Aufgabe, liegt der Unterschied zwischen »gutem Stress« (sogenanntem »Eustress«) und »schlechtem Stress« (sogenanntem »Distress«). Guter, also beherrschbarer Stress (englisch: »escapable stress«) bringt eine nur begrenzte, gesundheitsdienliche Dosis von »Allostase« mit sich. Die »allostatische Last« (»allostatic load«), welcher der Körper ausgesetzt wird, bleibt begrenzt[68].

Schlechter, also nicht beherrschbarer Stress (»inescapable stress«) erhöht die »allostatische Last«. Anstatt nach erfolgreicher Bewältigung des Problems bzw. nach Erledigung der Aufgabe ein Ende zu finden, bleibt die Stressreaktion beim schlechten Stress angeschaltet, sie kann nicht »herunterregu-liert« werden. Die Folge ist nun entweder ein Zustand von Dauerstress oder irgendwann eine vollkommene Erschöpfung des Stresssystems. Die Erschöpfung des biologischen Stress-systems ist in der Regel das Ergebnis einer vorangegangenen Phase mit lang anhaltendem schlechtem, also nicht beherrsch-barem Stress[69].

Die Folgen einer »allostatischen Überladung« durch Dauer-stress beschränken sich nicht auf die Psyche, sondern schlagen mit voller Wucht auf den Körper durch: Die organmedizini-schen Folgen von dauerhaftem Überforderungsstress sind erhöhter Blutdruck, erhöhte Blutfettwerte, erhöhtes Diabe-tesrisiko und – als Folge dieser Veränderungen – ein erhöh-tes Risiko für Arteriosklerose, koronare Herzerkrankung und Herzinfarkt[70]. Langfristige Folgen von Dauerstress kön-nen sich sogar schädigend auf die Nervenzellen des Ge-hirns auswirken und die geistige Leistungsfähigkeit beein-trächtigen[71].

Die Bedeutung der individuellen Bewertung von Stress

Wie bereits erwähnt, wird das klassische Stresssystem immer dann aktiv, wenn konkrete Leistungen gefordert sind, und es bleibt aktiv, solange die jeweilige Herausforderung nicht be-wältigt wurde. Doch wie erklärt sich die durch die Stressfor-schung bestätigte Beobachtung, dass vergleichbare äußere Situationen bei einem Teil der betroffenen Menschen starke Stressreaktionen auslösen, von einem anderen Teil dagegen als wenig dramatisch empfunden werden? Wodurch wird ent-schieden, ob eine konkrete Herausforderung für einen be-stimmten Menschen beherrschbar (»escapable«), für einen anderen Menschen aber nicht (»inescapable«) ist? Und wer oder was entscheidet darüber, ob eine Aufgabe, *nachdem* bestimmte Anstrengungen unternommen wurden, als hinreichend bewältigt angesehen werden darf oder nicht?

Wir alle kennen Menschen, denen anstehende Erledigungen oder Aufgaben schon im Voraus den Schlaf rauben, während andere in der gleichen Situation die Ruhe selbst zu sein scheinen. Wenn derart unterschiedliche Menschen in einem Team zusammenarbeiten – oder gar in einer Partnerschaft zusammenleben –, können sich Konflikte ergeben. Auch ob eine Aufgabe, in die man Arbeit investiert hat, anschließend als hinreichend erledigt angesehen werden kann oder nicht, wird oft sehr unterschiedlich beurteilt. Eher zur Perfektion neigende Menschen (bei denen das Stresssystem hochgestellt bleibt) und entspannte »Laissez faire«-Persönlichkeiten (die ihren Stress schon wieder herunterreguliert haben) können sich hier am Arbeitsplatz heftig in die Haare geraten.

Menschen antworten auf *eine* gegebene Anforderungssituation mit *unterschiedlichen* biologischen Stressreaktionen. Äußere Anforderungen sind daher nicht gleichzusetzen mit der Belastung, die ein Mensch biologisch und psychisch erlebt.[72] Wie sensibel oder resistent das Stresssystem eines einzelnen Menschen auf eine gegebene Situation reagiert, hängt einerseits von den bisherigen Lebenserfahrungen der betreffenden Person ab und andrerseits davon, wie viel soziale Unterstützung einem Menschen aktuell zur Verfügung steht. Biografische Erfahrungen von Überforderung oder großer Hilflosigkeit haben – vor allem wenn sie in die Zeit der Kindheit fallen – in der Regel zur Folge, dass ein Erwachsener später in einer gegebenen aktuellen Situation stärkeren Stress verspürt als andere. Andrerseits wird das Wissen, von Kollegen oder Vorgesetzten im Bedarfsfall unterstützt zu werden, die Stressreaktion eines Menschen reduzieren.

Wenn Mitarbeiter eine bestimmte Arbeitssituation als stark belastend oder gar unzumutbar erleben, dann ist es daher sinnlos, darauf hinzuweisen, dass irgendjemand anderes mit dieser Situation (angeblich) gut zurechtkam. Es sind immer die konkreten einzelnen Menschen, welche die Arbeit bewältigen müssen. Die Arbeit muss an den Menschen angepasst sein, nicht umgekehrt. Sinnvoll ist es stattdessen, das Selbstvertrauen von Mitarbeitern in ihre eigenen Fähigkeiten zu stärken und ihnen Unterstützung zuzusagen und bereitwillig zu geben, falls sie diese für die Erledigung ihrer Aufgabe brauchen.

Das »Unruhe-Stresssystem« (»Default Mode Network«)

Aus Sicht der Hirnforschung besteht die optimale, der Gesundheit zuträgliche Art von Stress, wie bereits erwähnt, darin, sich auf eine konkrete, klar definierte und beherrschbare Aufgabe konzentrieren zu können. Viele moderne Arbeitsplätze lassen eine konzentrierte Befassung mit *einer* bestimmten Aufgabe aber nicht mehr zu. Viele Erwerbstätige sind von einem Arbeitsumfeld umgeben, in dem mehrere, parallel laufende Abläufe gleichzeitig beobachtet, begleitet und kontrolliert werden müssen. In einer solchen Situation befinden sich nicht nur viele Arbeitnehmer und Arbeitnehmerinnen, die komplexe Maschinenanlagen zu überwachen haben. Auch Erwerbstätige, die ihre Arbeit am Schreibtisch verrichten, sehen sich zunehmend einem Arbeitsumfeld ausgesetzt, in dem fortlaufend auf gleichzeitig eintreffende Signale reagiert werden muss, die aus verschiedenen Quellen auftreten können und zudem unvorhersehbar sind. Neben der Papierarbeit auf dem Schreibtisch sind verschiedene Arbeiten am Bildschirm zu verrichten. Gleichzeitig können Telefonate und E-Mails eintreffen. Dazu kommen aktuelle Anliegen, die Kollegen oder Vorgesetzte persönlich an einen herantragen. Eine ganz ähnliche Entwicklung ist auch im Gesundheitswesen zu beobachten, wo Pflegekräften und Ärzten immer weniger Zeit für den *einzelnen* Patienten bleibt und die Aufgabe stattdessen zunehmend nur noch darin besteht, gleichzeitig über viele Patienten zu wachen, für alle in knapper Zeit nur noch das Nötigste zu tun und sicherzustellen, dass sich keine Zwischenfälle ereignen.

Die Mehrheit der Arbeitsplätze fordert von denen, die an ihnen arbeiten, heute nicht mehr die Erledigung *einer* Aufgabe und die Fokussierung der Aufmerksamkeit darauf. Eine *breit gestreute, aber flache Aufmerksamkeit* ist gefragt. Ein hohes Maß an Reizen, Informationen und Impulsen, denen Beschäftigte heute ausgesetzt sind, hat »die Struktur und Ökonomie der Aufmerksamkeit radikal verändert«, wie es der Berliner Philosoph Byung-Chul Han kürzlich ausdrückte[73].

Ein Aspekt dieser Entwicklung ist das sogenannte »Multitasking«. Von der dadurch verursachten Fragmentierung ihrer Arbeitsvollzüge waren 1999 noch 42 Prozent aller Erwerbstätigen betroffen, 2006 waren es bereits 59 Prozent, die verschiedene Aufgaben gleichzeitig zu erledigen hatten[74], inzwischen dürften es weit mehr als zwei Drittel aller Beschäftigten sein. Byung-Chul Han führt aus, dass »die Zeit- und Aufmerksamkeitstechnik Multitasking keinen zivilisatorischen Fortschritt« darstelle. »Es handelt sich vielmehr um einen Regress«, also um einen Rückschritt in der Entwicklung. »Das

Multitasking ist«, so Han, »gerade bei den Tieren in der freien Wildbahn weit verbreitet. Es ist eine Aufmerksamkeitstechnik, die unerlässlich ist für das Überleben in der Wildnis.« Der Philosoph resümiert: »Die jüngsten gesellschaftlichen Entwicklungen und der Strukturwandel der Aufmerksamkeit nähern die menschliche Gesellschaft immer mehr der freien Wildbahn an.« Frappierend ist, dass Byung-Chul Han, obwohl kein Biologe, damit auch aus Sicht der Hirnforschung genau richtig liegt.

Unser Gehirn besitzt – zusätzlich zum »klassischen«, bereits oben dargestellten Stresssystem – ein zweites Stresssystem, das *nicht* dann aktiv wird, wenn *konkrete* Aufgaben zu erledigen sind, sondern dann, wenn eine diffuse, breite und zugleich flache Wachsamkeit gefordert ist. Es handelt sich um ein Reiz- und Gefahrensuchsystem, welches in der Fachliteratur als »Default Mode Network« (DMN) bezeichnet wird[75]. Die Forscher kamen diesem System auf die Spur, als sie sich erstmals dafür interessierten, was das Gehirn eigentlich tut, wenn es scheinbar nichts tut[76]. Die Antwort lautet: Wenn uns keine *konkreten* Aufgaben fordern, schaltet unser Gehirn in einen Zustand der unspezifischen Wachsamkeit. In diesem Zustand achtet das Gehirn auf eine breite Palette von möglichen Reizen, die völlig planlos entweder aus dem eigenen Inneren oder aus der Außenwelt kommen könnten. Reize, die uns im Zustand des Nichtstuns aus dem eigenen Inneren erreichen, sind (überwiegend sorgenvolle) Gedanken über das, was wir erlebt haben oder was noch auf uns zukommen könnte. Die Wachsamkeit gegenüber Reizen aus der Außenwelt dient der Wahrnehmung von möglichen, aber noch unbekannten Gefahren. Bei diesem neu entdeckten »Unruhe-Stresssystem« geht es also *nicht* um die Bewältigung einer konkreten, bereits erkennbaren Gefahr (in diesem Falle würde das »klassische« Stresssystem aktiv werden), sondern um diffuse *Wachsamkeit gegenüber einer möglichen Herausforderung,* von der unklar ist, ob sie überhaupt eintritt und von der man nicht weiß, welcher Art sie sein könnte.

Die Existenz eines auf Reiz- und Gefahrensuche spezialisierten Systems in unserem Gehirn ist evolutionär sinnvoll: Über Jahrmillionen lebten die evolutionären Vorfahren des Menschen in der Savanne und anderen gefährlichen, weil mit Raubtieren besiedelten Biotopen. Auch dann, wenn unsere Vorfahren keiner konkreten Tätigkeit nachzugehen hatten, war eines doch immer zu tun: wachsam zu sein und auf potenzielle Gefahren zu achten. Immer musste mit etwas Unangenehmem gerechnet werden, von dem man aber nicht wusste, ob es sich überhaupt zeigen und gegebenenfalls welcher Art es sein würde. Eine ganz ähnliche Situation bietet sich heute an vielen Arbeitsplätzen, wo es nicht mehr darum geht, sich auf *eine* bestimmte Sache – ähnlich wie ein Handwerker auf die Bearbeitung seines Werkstückes – zu konzentrieren und die Arbeit gut zu machen, sondern immer *auf dem Sprung* zu sein für etwas, von dem man aber noch nicht weiß, was es konkret sein wird. Volle Konzentration auf *eine* bestimmte Sache könnte hier nur schaden. Dies ist der Grund, warum der Berliner Philosoph Byung-Chul Han so recht hatte, als er die Situation von Erwerbstätigen an vielen modernen Arbeitsplätzen mit der Situation wilder Tiere in der freien Wildbahn verglich.

Multitasking als »ADHS-Trainingslager«

Arbeitsplätze, an denen Multitasking und permanente un-spezifische Wachsamkeit gefordert ist, schalten nicht nur das soeben erläuterte »Unruhe-Stresssystem« des Gehirns hoch, sondern haben eine darüber hinausgehende, fatale Auswir-kung: Den hier tätigen Menschen wird die Fähigkeit abtrai-niert, eine konkrete Aufgabe zu lösen. Untersuchungen zeigen, dass Menschen mit einem hochgeschalteten »Unruhe-Stress-system« bei Aufgaben, bei denen wirkliche Konzentration ge-fordert ist, jede Menge Fehler machen[77]. Nichts anderes pas-siert bei Kindern und Jugendlichen, die, anstatt sich auf *eine* bestimmte Sache – auf ein Brettspiel, auf ein Buch, eine Schul-aufgabe, ein Musikinstrument oder auf eine sportliche Her-ausforderung – zu konzentrieren, einen Großteil ihrer Zeit zwischen Fernsehen, Internet, Spielkonsole CD-Player und Smartphone verbringen.

Eine dem Multitasking sehr ähnliche Tätigkeit ist das ziel-lose Dauer-Surfen in den virtuellen Räumen des Internets. Laut einer wissenschaftlichen Untersuchung praktizieren in Deutschland derzeit rund 15 Prozent der 14- bis 24-Jährigen einen »problematischen Internetgebrauch«, mehr als 6 Pro-zent der 14- bis 16-Jährigen erfüllen alle Kriterien einer regel-rechten Internetsucht[78]. Hier trainieren sich junge Menschen bereits in der Kindheit und Jugend eine Aufmerksamkeits-störung an.[79] Weil sich diese Kinder und Jugendlichen in der Schule nicht mehr auf *eine* Sache konzentrieren können, wird dann nicht selten mit Ritalin und anderen Medikamen-ten behandelt. Später aber passt die erworbene Unfähigkeit, bei einer Sache zu bleiben, paradoxerweise durchaus zum Aufgabenprofil von Multitasking-Arbeitsplätzen. Die Kehrseite der Medaille ist allerdings, dass Hinweise darauf vorliegen, dass eine dauerhafte Überaktivierung des Reiz- und Gefahrensuchsystems nicht nur Konzentration und Merkfähigkeit ruinieren[80], sondern psychische Erkrankungen – Demenzerkrankungen inklusive – zu begünstigen scheint[81].

Aggressions- und Depressionsmechanismen

Man könnte annehmen, die Aggression spiele bei der Arbeit nur in Ausnahmefällen eine Rolle, da Ausbrüche von Empörung, wie sie bei Streiks oder bei Revolutionen stattfinden, doch nicht zum täglichen Geschäft zu zählen seien. Dem wäre zuzustimmen, wenn man nur die offene Revolte als Aggression bezeichnen würde. Dies wäre jedoch eine Verleugnung der vielfältigen und oft versteckten Spielarten der Aggression. Im alltäglichen Ablauf am Arbeitsplatz kann sich Aggressivität nicht nur in einem erhöhten Maß an kollegialen Konflikten äußern. Mindestens ebenso unangenehm – sowohl für Kollegen als auch für Vorgesetzte – ist, was in der Fachsprache der Psychiater als »passive Aggressivität« bezeichnet wird: Sie findet statt, wenn Mitarbeiter oder Mitarbeiterinnen ihrem Ärger oder ihrer Wut nicht offen Ausdruck geben, sondern sich dadurch rächen, dass sie aus einem versteckten Ärger heraus »Dienst nach Vorschrift« machen und sich dabei so verhalten, dass Arbeitsabläufe behindert werden. Dies geschieht unmerklich und nicht nachweisbar, sodass man dem Betreffenden keinen Vorwurf machen kann. Derartige Verhaltensweisen, die wohl jedem Erwerbstätigen von bestimmten Kollegen oder Kolleginnen gut bekannt sind, können sich aber bis zur versteckten Sabotage steigern.

Aggression am Arbeitsplatz ist für alle Beteiligten ein überaus unangenehmes Phänomen: Für Kollegen und Vorgesetzte bedeutet sie Stress, für die Arbeit ergeben sich aus ihr Störungen der Zusammenarbeit, Ineffizienz und schlechte Arbeitsergebnisse. Konflikte am Arbeitsplatz und die mit ihnen einhergehenden Aggressionen kommen überall vor, sie sind unvermeidlich. Das Ziel kann daher nicht sein, Konflikte abschaffen zu wollen bzw. zu verdrängen, sondern sie zu erkennen, unverzüglich anzusprechen und auf dem schnellsten Wege fair zu lösen. An dieser Stelle soll kein Streitschlichterprogramm entwickelt werden, aber doch kurz verdeutlicht sein, was wir von der Hirnforschung lernen können, um Aggression am Arbeitsplatz klein zu halten.

Warum geraten Menschen in Ärger, warum entwickelt sich Wut, was ist der Nährboden für Aggression? Die sicherste Methode, einen anderen Menschen aggressiv zu machen, ist, ihm körperliche Schmerzen zuzufügen. Wer die Schmerzzentren im Gehirn seines Gegenübers reizt, wird auf Aggression nicht lange warten müssen. Eine weitreichende Entdeckung der modernen Gehirnforschung war die erst vor Kurzem gemachte Beobachtung, dass die Schmerzzentren des menschlichen Gehirns nicht nur dann aktiviert werden, wenn einem Menschen *körperliche* Schmerzen zugefügt werden. Sie reagieren auch dann, wenn eine Person *sozial* ausgegrenzt oder gedemütigt wird[82]. Weil »aus Sicht des Gehirns« soziale Benachteiligung und Demütigung wie körperlicher Schmerz empfunden wird, reagiert der Mensch nicht nur auf körperlichen, sondern auch auf sozialen Schmerz mit Aggression. Menschen, die – meist aus Angst oder wegen starker Hemmungen – den in ihnen aufkommenden Ärger nicht zulassen, reagieren, anstatt mit Aggression, mit Depression[83].

Für die Situation am Arbeitsplatz lässt sich aus diesen Erkenntnissen Folgendes lernen: Alles, was soziale Ausgrenzung und Demütigung erzeugt, begünstigt Aggression und Konflikte. Unfairness und Ungerechtigkeit haben zur Folge, dass sich ein Teil der Beschäftigten benachteiligt und damit ausgegrenzt fühlt. Daher sind Unfairness und Ungerechtigkeiten am Arbeitsplatz kontraproduktiv.

Dies bedeutet selbstverständlich nicht, dass alle Mitarbeiter gleich behandelt oder völlig gleich bezahlt werden müssen. Wer besonders aufwendige und langwierige Qualifikationswege durchlaufen hat, wer am Arbeitsplatz besondere Verantwortung oder Risiken trägt oder einen größeren Arbeitseinsatz als andere leistet, wird mit Recht eine dementsprechend angemessene Gratifikation beanspruchen. Bedeutsam ist aber, dass die Regeln, nach denen verfahren wird, transparent und verständlich gemacht werden. Wo allerdings bei gleicher Arbeit ungleich bezahlt wird – ein Missstand, von dem vor allem Frauen, Leiharbeiter und Migranten immer noch betroffen sind –, dort sind Ärger, Konflikte und Aggression programmiert. Ausgrenzung, daran sei zum Schluss erinnert, können nicht nur Menschen erleben, die arbeiten. Arbeitslos zu sein ist für Menschen, die gerne arbeiten würden, eine besonders üble Form der sozialen Ausgrenzung.

Der »Sense of Coherence«:
Sinnfindung und Sinnverlust am Arbeitsplatz

Viele Jahre gehörte es zu einem gerne gepflegten Brauch bei manchen Zeitgenossen, die sich einen besonders wissenschaftlichen Anstrich geben wollten, Sinnfragen in den Bereich des

Esoterischen und Nicht-Wissenschaftlichen zu verbannen[84]. Sinnsuche – das Erkennen von Zusammenhängen – gehört zu den biologischen Grundeigenschaften und Grundbedürfnissen des menschlichen Gehirns. Wer fortwährenden schweren Sinnlosigkeitserfahrungen (dazu gehört auch schwere Gewalt) ausgesetzt ist, wird am Ende verrückt. Das neurobiologisch verankerte Bedürfnis des Menschen, Sinnvolles zu erleben und zu tun, kann am Arbeitsplatz nicht einfach abgeschaltet, es kann nicht am Eingang des Betriebes abgegeben werden. Dass Erfahrungen von Sinnhaftigkeit – oder Sinnverlust – einen bedeutenden Beitrag zur Erhaltung – oder Beschädigung – der Gesundheit am Arbeitsplatz leisten, wurde kürzlich sogar vom Bundesministerium für Arbeit und Soziales ausdrücklich anerkannt[85].

Die Erkenntnis, dass die Sinnhaftigkeit dazu beiträgt, dass Menschen auch unter schwierigen (Arbeits-)Bedingungen gesund bleiben können, geht auf den amerikanisch-israelischen Medizinsoziologen Aaron Antonovsky (1923–1994) zurück[86]. Voraussetzungen für den »Sense of Coherence«[87] sind Verstehbarkeit, Bewältigbarkeit und Sinnhaftigkeit im engeren Sinne. Was bedeutet dies für die Arbeitswelt?

Verstehbarkeit wird erzeugt durch eine verlässliche Unternehmenspolitik, durch Transparenz von Entscheidungen und durch Klarheit bei der Verteilung von Kompetenzen und Verantwortung. Bewältigbarkeit setzt voraus, dass die Arbeitsanforderungen so gestaltet sind, dass sie auch gemeistert werden können. Einen wichtigen Beitrag zur Bewältigbarkeit leisten außerdem ein gesundheitsorientiertes Führungsverhalten und Kollegialität. Sinnhaftigkeit im engeren Sinne ergibt sich für Erwerbstätige dort, wo Eigenverantwortlichkeit und Partizipation möglich sind. Es liegt auf der Hand, dass hochgradig eintönige oder im Akkord zu verrichtende Arbeit, unmenschliche Arbeitsbedingungen, Führungsmängel, schlechtes Betriebsklima oder unfaire Entlohnungssysteme den »Sense of Coherence« der Arbeitenden – und damit deren gesundheitliche Widerstandskraft – zerstören.

Eine besondere Zerstörungskraft gegenüber dem »Sense of Coherence« haben Traumaerfahrungen. Eine Reihe von Berufen ist mit einem nicht geringen Risiko verbunden, Opfer einer Gewalttat zu werden. Zu diesen Risikoberufen zählen Bankangestellte, Personen, die im Transport- und Überwachungsgewerbe tätig sind, Polizisten, Soldaten und einige weitere Berufe (z. B. Personen, die in Gefängnissen oder in der forensischen Psychiatrie arbeiten). Allerdings können Beschäftigte auch von Gewalterfahrungen betroffen sein, die sie *nicht* im Zusammenhang mit der Arbeit, sondern im privaten Umfeld, manchmal bereits in der Kindheit oder Jugend erlitten haben. Persönlich erlebte, insbesondere gegen die eigene Person gerichtete Gewalttaten bedeuten in der Regel eine besonders schwere Beschädigung des »Sense of Coherence«[88]. Erfahrungen, die mit einem – wenn auch nur kurzfristigen – völligen Kontrollverlust verbunden sind, können eine sogenannte »Posttraumatische Belastungsstörung« nach sich ziehen. Die Beschwerden sind hier insbesondere eine erhöhte Angstbereitschaft, Schlafstörungen, einschießendes Wiedererleben des erlittenen Traumas (sogenannte »Flashbacks«), nächtliche Albträume, manchmal auch eine allgemeine Gefühlsabstumpfung und nicht zuletzt auch plötzlich auftretende Suizidimpulse. Personen mit Traumaerfahrungen sind in ihrem kommunikativen Verhalten oft beeinträchtigt, sie geraten am Arbeitsplatz daher leicht in eine Außenseiterstellung und werden bevorzugt Opfer von Mobbing[89]. Daher sollte bei »schwierigen« Kollegen bzw. Mitarbeitern immer auch an die Möglichkeit einer besonderen Vorgeschichte dieser Art gedacht werden[90].

Die Neurobiologie als Navigationshilfe in der Welt der Arbeit

Was die Arbeit aus dem Menschen macht, ist kein Zufallsgeschehen, sondern richtet sich nach neurobiologischen Regeln. Wer diese Regeln beachtet, kann als Firmenchef, als Leitungskraft, als einfacher Vorgesetzter oder als Betriebsarzt Einfluss auf die Motivation, auf die Arbeitseffektivität, auf das Wohlbefinden, auf die Gesundheit und damit auf die Ausfallzeiten seiner oder ihrer Mitarbeiter und Mitarbeiterinnen nehmen. Die Beachtung der Regeln, nach denen sich die Begegnung zwischen unserem Körper und der Arbeit abspielen, ist jedoch nicht nur für Arbeitgeber und Vorgesetzte von Belang. Diese Regeln können jedem einzelnen Beschäftigten als Richtschnur dienen. Sie können die Wahrnehmung von Störungsursachen am Arbeitsplatz schärfen und helfen, sich selbst hilfreich zu verhalten und falls nötig an der richtigen Stelle die richtigen Forderungen zu stellen. Die oben dargestellten Zusammenhänge können nicht zuletzt Arbeitnehmervertreter und Gewerkschaften inspirieren, ihr Aktivitätsspektrum sinnvoll zum Wohle der Belegschaft und damit des Gesamtbetriebes zu erweitern.

Aus neurobiologischer Sicht sinnvoll ist es, wenn Beschäftigte Aufgaben haben, die sie herausfordern, die zugleich aber auch gut bewältigt werden können. Die Aufgaben sollten klar definiert sein. Beschäftigte sollten konzentriert arbeiten können, Multitasking-Arbeit sollte nur begrenzt stattfinden. Vorgesetzte sollten in einem kontinuierlichen – nicht zu dichten und nicht zu geringen – Kontakt mit ihren Mitarbeitern sein, Beschäftigte sollten zu dem, was sie leisten, Rückmeldungen bekommen. Kritische Rückmeldungen sind in Ordnung, Ausgrenzungen und Demütigungen sind jedoch kontraproduktiv. Was vor dem Hintergrund der ausgeführten neurobiologischen Zusammenhänge deutlich werden sollte, ist die immense, bis vor wenigen Jahren noch völlig vernachlässigte Bedeutung, die eine professionelle Beziehungsgestaltung und ein angstfreies Arbeitsklima für effektive und gute Arbeit haben.

3

Die Vermessung der Arbeitswelt

Aussagen über die Arbeitswelt sollten sich nicht auf unge-sicherte oder ungefähre Angaben stützen. Daher erscheint es mir unumgänglich, die Situation der Beschäftigten auch in einigen statistischen Zahlen auszudrücken. Botschaften, die Statistiken transportieren, hängen von den Deutungs- und Interpretationskontexten ab, in welche die jeweiligen Zahlen hineingestellt werden. Statistiken lassen sich instrumentali-sieren, sie können für Aufgeregtheiten und Larmoyanz ebenso wie für Verdrängungs- und Beruhigungsstrategien herhalten. Vor beidem sollte man sich hüten.

Kritische Fragen lassen sich zur Aufmerksamkeitsökono-mie in unseren öffentlichen Medien stellen: Warum müssen sich Millionen Fernsehzuschauer, die allermeisten abhängig Beschäftigte, allabendlich von zwanghaft gut gelaunten Bör-senjournalisten unkritisch aufbereitete Zahlen aus den Finanz-märkten anhören, anstatt dass Interessantes aus der Welt de-rer berichtet wird, die die Werte, mit denen an den Märkten gehandelt wird, erarbeitet haben? Hier gäbe es ein interes-santes Betätigungsfeld für kreativen Journalismus. Vieles wäre auch über die Situation in einigen Ländern Asiens und Afri-kas zu berichten, in denen Kinderarbeit[91] und sehr schlechte Arbeitsbedingungen für Erwachsene herrschen[92].

In eine falsche Richtung weisen Versuche, die inakzeptablen Arbeitsbedingungen in Asien und in anderen Teilen unserer Erde unter dem Stichwort des globalen Wettbewerbs gegen die vergleichsweise bessere, aber keineswegs gute Situation in Europa auszuspielen. Da die Arbeitskosten in den Preis eingehen, droht eine Art globaler Wettbewerb hin zu schlechteren Arbeitsbedingungen, verbunden mit einer globalen Negativentwicklung bei der Gesundheit arbeitender Menschen.[93]

Was erleben Beschäftigte als »gute« oder »schlechte« Arbeit?

In einer repräsentativen, von Infratest durchgeführten Befragung gaben 33 Prozent aller Beschäftigten an, dass sie »schlechte Arbeit« zu verrichten haben[94]. Befragt man jene Untergruppe von Arbeitnehmern/innen, die von ihrem Arbeitseinkommen nicht leben können (d. h. Beschäftigte in sogenannten »prekären« Beschäftigungsverhältnissen, siehe dazu unten), erleben sogar 51 Prozent das, was sie tun, als »schlechte Arbeit«[95]. Eine vom Berliner Robert Koch Institut durchgeführte repräsentative Untersuchung an über 13 000 Erwachsenen ermittelte, dass 14 Prozent der Frauen und über 20 Prozent der Männer ihre Arbeitsbedingungen als stark oder sehr stark gesundheitsgefährdend erleben[96]. 36 Prozent aller Beschäftigten glauben nicht, dass sie ihren Beruf bis zum Rentenalter durchhalten können, mit steigender (negativer) Tendenz[97]. Bei denen, die ihre Tätigkeit als »schlechte Arbeit« bezeichnen, wird die pessimistische Perspektive mit Blick auf die Erreichung des Rentenalters sogar von 60 Prozent geteilt. Angesichts der Tatsache, dass die demografische Entwicklung der nächsten Jahrzehnte eine längere Lebensarbeitszeit unvermeidlich machen wird, werden wir uns als Gesellschaft Arbeit, welche ein Drittel der Menschen gesundheitlich ruiniert, bevor sie das Ruhestandsalter erreichen, in Zukunft kaum mehr leisten können.

Die bereits erwähnte, vom Robert Koch Institut an einer großen Population innerhalb der Wohnbevölkerung durchgeführte Untersuchung erkundete, welche Umstände am häufigsten als Arbeitsbelastungen genannt werden. Auf den vorderen Plätzen der Belastungsskala rangieren Zeit- und Leistungsdruck (40 %), gefolgt von langen Arbeitszeiten und Arbeitswegen (35 %). Erst danach folgen physische Einwirkungen wie Lärm, Kälte oder Hitze (34 %), das Heben bzw. Tragen schwerer Lasten (27 %), Arbeiten in gebückter oder unbequemer Stellung (26 %), Schichtarbeit (21 %) sowie Arbeit unter strengen Vorgaben (19 %)[98].

Eine Nachfrage, welche Belastungsfaktoren sich am stärksten *auf die Gesundheit* auswirken, ergab einen Spitzenplatz für den Faktor »Beeinträchtigung im Arbeitsklima«. Die Plätze 2 und 3 belegten bei den weiblichen Beschäftigten Zeit- und Leistungsdruck sowie Heben bzw. Tragen schwerer Lasten, bei den Männern Lärm, Kälte oder Hitze sowie Schichtarbeit[99].

Wer arbeitet – und wie viel?

Deutschland hat 82 Millionen Einwohner, 51 Prozent sind weiblichen Geschlechts. Etwa 16 Millionen der hier lebenden Menschen (19,5 %) haben Migrationshintergrund. Der Anteil von Kindern unter fünf Jahren mit Migrationshintergrund beträgt 35 Prozent[100], was bedeutet, dass in etwa 20 Jahren rund ein Drittel der erwerbsfähigen Erwachsenen Migrationshintergrund haben wird.

Die Ausbildung spielt für die spätere Integration ins Erwerbsleben eine entscheidende Rolle. Wie gut sind junge Menschen – mit Blick auf ihre Ausbildung – auf das berufliche Leben vorbereitet? Der Anteil von Menschen ohne Schulabschluss beträgt bei hier Lebenden ohne Migrationshintergrund 1,8 Prozent, bei Personen mit Migrationshintergrund 14 Prozent. Keinen Berufsabschluss haben 16 Prozent der hier Lebenden ohne Migrationshintergrund, bei Mitbürgern mit Migrationshintergrund liegt die Rate bei 41 Prozent. Speziell bei den jungen Leuten gehen derzeit neun Prozent eines jeden Jahrgangs (19 % bei jungen Menschen mit Migrationshintergrund) ohne Schulabschluss ins Leben. Keine Berufsausbildung machen 14 Prozent (Migrationshintergrund: 38 Prozent) eines Jahrgangs. Ausbildungsdefizite bei Kindern und Jugendlichen sind, anders als einige Autoren immer wieder suggerieren, nicht biologisch – insbesondere nicht genetisch – bedingt.

Das menschliche Gehirn entwickelt sich abhängig von den Anregungen, die ein Kind aus seiner Umwelt erhält, ein wissenschaftlich bestens belegtes, als »neuronale Plastizität« bezeichnetes Phänomen. Neurobiologische Entwicklungsdefizite sind in der Regel die Folge und nicht die Ursache einer dem Kind vorenthaltenen Förderung. Die Ursachen für die bei Kindern und Jugendlichen, insbesondere bei denen mit Migrationshintergrund, festzustellenden gravierenden Schul- und Ausbildungsdefizite liegen ganz überwiegend in der fehlenden vorschulischen – insbesondere sprachlichen und sozialen – Förderung dieser Kinder. Kinder aus bildungsfernen Milieus würden von einer allgemeinen Kindergartenpflicht ab dem dritten Lebensjahr vermutlich besonders profitieren.

Erwerbstätig sind in Deutschland derzeit etwa 41 bis 42 Millionen Menschen (also rund die Hälfte der Bevölkerung), davon sind 46 Prozent Frauen (1991 lag der Anteil noch bei 42 %)[101]. Fast drei Viertel aller Befragten messen der Berufstätigkeit von Frauen die wichtigste Rolle für deren Selbstbewusstsein bei[102]. In Führungspositionen sind Frauen allerdings nur zu 30 Prozent vertreten. Sehr niedrig ist der Anteil des weiblichen Geschlechts im Übrigen bei den Beschäftigten in der Landwirtschaft und Fischerei (22 %), bei den Anlagen- und Maschinenbedienern/innen (15 %) und den Handwerksberufen (9 %).

Über 3 Millionen Menschen in Deutschland – und damit etwa sieben Prozent der Erwerbstätigen – waren Anfang des Jahres 2013 Arbeitslose und bezogen Leistungen nach Arbeitslosengeld II, auch Hartz IV genannt[103]. In Familien, in denen Arbeitslosengeld II/Hartz IV bezogen wird, wachsen 15 Prozent aller Kinder auf. Sie erleben in vielen Fällen eine außerordentlich fatale, weil demoralisierende und deprimierende Situation. Selbst erlebte Vorbilder graben sich bei Kindern und Jugendlichen stärker ein als alle Belehrungen.

Übertarifliche Mehrarbeit ist in Deutschland – wie offenbar auch in vielen anderen europäischen Ländern – die Regel. Verglichen mit anderen europäischen Ländern liegt Deutschland bei der wöchentlichen Arbeitszeit mit durchschnittlich etwa 41–43 wöchentlichen Arbeitsstunden – bezogen auf alle Vollzeitbeschäftigten – im mittleren Bereich[104]. Bei Einbeziehung aller Vollzeit- und Teilzeitbeschäftigten liegt Deutschland mit durchschnittlich 35–38 Wochenstunden ebenfalls im europäischen Durchschnitt[105]. Innerhalb der deutschen Bevölkerung gibt es erwartungsgemäß große Unterschiede. Während Vollzeitbeschäftigte, wie erwähnt, im Durchschnitt 41–43 Stunden pro Woche arbeiten, sind Teilzeitbeschäftigte etwa 18 Stunden pro Woche erwerbstätig (21 % der Teilzeitbeschäftigten befinden sich unfreiwillig in Teilzeit und wünschen sich eine Vollzeitarbeitsstelle)[106]. Rund 30 Prozent aller Vollzeitbeschäftigten arbeiten faktisch bis zu 48 Stunden wöchentlich, 13–16 Prozent mehr als 48 Stunden und fünf Prozent mehr als 60 Stunden in der Woche[107]. 64 Prozent derer, die in einer abhängigen Beschäftigung stehen, leisten regelmäßig Samstagsarbeit, 38 Prozent arbeiten an Sonn- und Feiertagen, die Quoten derjenigen Beschäftigten, die regelmäßig Schicht- oder Nachtarbeit leisten, liegen – je nach Untersuchung – zwischen 17 und 27 Prozent[108].

»Atypische« Arbeit, »prekäre« Beschäftigungen und Niedriglöhne

Die Zunahme »atypischer« Beschäftigungsverhältnisse ist eines der Kennzeichen der Veränderungen der modernen Arbeitswelt. Als atypisch Beschäftigte werden Personen bezeichnet, die entweder nur befristet beschäftigt sind, einer Teilzeitarbeit nachgehen, geringfügig beschäftigt sind (d. h., einem sog. »Minijob« mit einem Einkommen bis zu 450 Euro nachgehen) oder Zeitarbeit verrichten.

Der Anteil derer, die in einer atypischen Beschäftigung stehen, hat sich in den letzten 20 Jahren verdoppelt und liegt derzeit bei über 25 Prozent[109]. Atypisch Beschäftigte sind in der Regel schlechter bezahlt als andere (siehe unten). In atypischen Beschäftigungen landen vor allem Arbeitnehmer und Arbeitnehmerinnen mit geringer Ausbildung bzw. fehlender beruflicher Qualifikation[110]. »Atypisch« gearbeitet wird vor allem im Bürobereich (hier sind 28 % atypisch beschäftigt), in der Landwirtschaft (27 %), im Verkauf (40 %) sowie im Hilfs-arbeiterbereich (51 %).

Ein nicht geringer Anteil derer, die sich in »atypischen« Arbeitsverhältnissen befinden, ist zugleich »prekär« beschäftigt. Als »prekär« werden Beschäftigungsverhältnisse bezeichnet, die es den Betroffenen nicht ermöglichen, von ihrem Einkommen ihren Lebensunterhalt zu bestreiten[111]. Prekär Beschäftigte leben in einer andauernden existenziellen Unsicherheit. Viele können sich nur dadurch über Wasser halten, dass sie einen Zweitjob ausüben. Tatsächlich gehen fünf Prozent aller Arbeitenden einer Zweitbeschäftigung nach[112]. Diejenigen, die Zweitbeschäftigungen nachgehen, finden sich umgekehrt wiederum vor allem in der Untergruppe der atypisch Beschäftigten, so dass davon auszugehen ist, dass mindestens 20 Prozent der atypisch Beschäftigten an zwei Stellen gleichzeitig arbeiten.

Atypische und prekäre Beschäftigungsverhältnisse sind, wie erwähnt, ein typisches Merkmal der Veränderungen, denen »moderne Arbeit« unterworfen ist. Eine weitere Signatur dieses Veränderungsprozesses sind die Niedriglöhne.

Über 20 Prozent aller Beschäftigten beziehen Niedriglohn. Als solcher sind Löhne definiert, die niederer sind als zwei Drittel des Durchschnittslohns (der »Niedriglohn« liegt derzeit bei einem Stundenlohn von etwa 10 € brutto und weniger)[113]. Die Hälfte (49,8 %) der Bezieher von Niedriglohn sind atypisch beschäftigt[114]. Niedriglöhne beziehen 87 Prozent der Taxifahrerinnen und -fahrer, 86 Prozent der Friseurinnen und Friseure, 82 Prozent der im Reinigungsgewerbe Tätigen, 77 Prozent des Bedienungspersonals im Gastgewerbe und 74 Prozent derer, die im Wäscherei- und Textilreinigungsbereich arbeiten.

Wer keine berufliche Qualifikation hat, unterliegt, im Vergleich zu Personen mit abgeschlossener Lehre oder Berufsfachschule, einem 30prozentigen (und damit – verglichen mit anderen – mehr als doppelt so hohen) Risiko, später im Niedriglohnsektor zu arbeiten[115].

Zeit- und Leiharbeit

Die mit Abstand schlechtesten Löhne werden im Bereich der Zeit- oder Leiharbeitnehmer/innen bezahlt. Zeit- oder Leiharbeit bedeutet, dass Unternehmen Beschäftigte anheuern und im Rahmen einer sogenannten »Arbeitnehmerüberlassung« an Dritte »verleihen«. Der ursprüngliche Zweck der Zeit- und Leiharbeit war, Unternehmen die Möglichkeit zu geben, bei unsicherer Auftragslage Arbeitnehmer einzustellen, ohne sie in einem Dauerarbeitsverhältnis an sich binden zu müssen. Tatsächlich wurde – und wird – die Zeit- und Leiharbeit von vielen Unternehmen von einer (sinnvollen) vorübergehenden Puffer- zu einer (sinnwidrigen) Dauerlösung gemacht, mit der sich billige Arbeitskräfte akquirieren und zugleich die Stammbelegschaften in Schach halten lassen[116].

Am höchsten ist der Anteil dieser in der Regel sehr schlecht bezahlten Arbeitnehmer und Arbeitnehmerinnen im Hilfsarbeiterbereich (hier sind 24 % Leiharbeiter)[117]. Mit atypischer Beschäftigung, insbesondere mit Zeit- und Leiharbeit verbunden ist die andauernde Angst und Unsicherheit bezüglich des eigenen Arbeitsplatzes: Wie bereits erwähnt, geben 22 Prozent der Erwerbstätigen an, dass ihnen die Arbeitsplatzunsicherheit im Nacken sitzt[118].

Armutsrisiko und Armut

Wer weniger als 60 Prozent des Durchschnittseinkommens verdient, trägt per definitionem ein sogenanntes »Armutsrisiko«. Als von tatsächlicher »Armut« betroffen gelten in Deutschland diejenigen Personen, deren Einkommen weniger als 50 Prozent des Durchschnittseinkommens beträgt[119]. Über drei Millionen Menschen in Deutschland sind, wie bereits erwähnt, Arbeitslose, die Leistungen nach Arbeitslosengeld II/ Hartz IV beziehen[120].

Arbeitslosigkeit bildet – neben Alleinerziehung – ein Hauptrisiko für Armut. Arbeitslosigkeit ist nicht nur ein Erwachsenen-, sondern auch ein Kinderschicksal: 15 Prozent aller Kinder leben, wie schon erwähnt, in einer Familie, in der Arbeitslosengeld II/Hartz IV bezogen wird. Hauptrisiko für Kinder, in einem von Armutsrisiko betroffenen Haushalt aufzuwachsen, ist mit Abstand die Arbeitslosigkeit des Haushaltsvorstandes (weitere Risiken sind Alleinerziehung, Kinderreichtum und Migrationshintergrund)[121].

Die »ganz normale Arbeit«:
Wöchentliche Arbeitszeit, Nacht- und Wochenendarbeit

Wöchentliche Arbeitszeiten

Die tatsächliche wöchentliche Arbeitszeit von Vollzeitbeschäftigten in Deutschland liegt, wie oben genannt, bei durchschnittlich 41 bis 43 Stunden[122]. Einige Beschäftigungsbereiche sind von regelmäßig überlangen wöchentlichen Arbeitszeiten besonders betroffen. An der Spitze liegen – von Selbstständigen und Ärzten/innen abgesehen[123] – die Bauern: 42 Prozent der »landwirtschaftlichen Fachkräfte« arbeiten regelmäßig mehr als 48 Stunden in der Woche. Ihnen folgen Leitungs- und Führungskräfte (39 %) und Akademiker (21 %). Hohe tägliche und damit auch wöchentliche Arbeitszeiten sind gesundheitsrelevant: Bei regelmäßig zehn Stunden täglicher Arbeit ist das Depressionsrisiko bereits deutlich erhöht. Wer regelmäßig elf Stunden täglich und mehr arbeitet, erhöht sein Depressionsrisiko um das 2,5-Fache[124]. Interessant ist allerdings, dass bei Beschäftigten des öffentlichen Dienstes in Großbritannien beobachtet wurde, dass eine durch Überstunden bedingte, *gering* über die tarifliche tägliche Arbeitszeit hinausgehende Beanspruchung von bis zu neun Stunden das Depressionsrisiko nicht erhöht, sondern eventuell sogar senkt[125]. Dies ist aus meiner Sicht nicht als Plädoyer für Überstunden zu verstehen, sondern als ein Hinweis darauf, dass es der Gesundheit nicht schadet, sich ein wenig mehr als das geforderte Minimum beruflich zu engagieren.

Nacht- und Wochenendarbeit, Erreichbarkeit außerhalb der Dienstzeit

Nicht nur wie viele Stunden pro Woche gearbeitet wird, auch die Frage, zu welchen Tageszeiten gearbeitet wird und ob die Arbeitszeit das Wochenende mit einbezieht, ist von Belang. Der Anteil derer, die regelmäßig im Zeitfenster zwischen 18 Uhr und 23 Uhr berufstätig sind, hat sich mit 27 Prozent (im Jahre 2011) gegenüber zwanzig Jahren davor fast verdoppelt[126]. Auch der Anteil der Nachtarbeiter, also jener Menschen, die regelmäßig zwischen 23 Uhr und sechs Uhr arbeiten, hat in den letzten Jahren zugenommen, er liegt derzeit bei neun Prozent. Regelmäßige Arbeit am Wochenende fällt

vor allem im landwirtschaftlichen sowie im Dienstleistungs-
sektor an. Regelmäßig am Samstag arbeiten laut »Stressreport Deutschland 2012« derzeit 64 Prozent der *abhängig
Beschäftigten*, regelmäßige Sonn- und Feiertagsarbeit leisten
38 Prozent der abhängig Beschäftigten. 29 Prozent *aller* Beschäftigten müssen auch außerhalb ihrer Dienstzeit jederzeit
erreichbar sein (bei den abhängig Beschäftigten beträgt der Anteil hier »nur« 18 %)[127]. Bei Selbstständigen sind hier 63 Prozent betroffen, bei Leitenden Angestellten 54 Prozent[128].

Körperliche und psychische Belastungen

Körperlich durch die Arbeit stark belastet – mit signifikanten
Auswirkungen auf das Wohlbefinden – sind elf Prozent aller
Beschäftigten (Männer 13 %, Frauen 9 %)[129]. Als körperlich
belastend empfunden werden vor allem schwierige Körper-
haltungen, das Tragen schwerer Lasten, Lärm und Vibratio-
nen, Chemikalien, Staub, Rauch oder Dämpfe sowie Unfall-
gefahren. Branchen mit besonders hohen Prozentsätzen von
körperlich stark belasteten Berufstätigen sind die Industrie
(21 %), das Handwerk (20 %) und die Landwirtschaft (19 %).
Im Büro arbeitende Personen sind nur zu fünf Prozent betroffen.

Eine durch die Arbeit erzeugte *psychische* Belastung und
dadurch hervorgerufene Beeinträchtigungen in ihrem Wohlbefinden geben 12 Prozent aller Berufstätigen an[130]. An der
Spitze stehen hier die akademischen Berufe (17,6 %), Lei-
tungs- und Führungskräfte (16,9 %), die technischen Berufe
(13,6 %), Anlagen- und Maschinenbediener/innen (11,5 %)
sowie Bürokräfte und kaufmännische Angestellte (9 %).

Psychische Belastungen werden in Deutschland teilweise immer noch belächelt, ironisiert und bagatellisiert. Dies hat historische Gründe, die mit der Ertüchtigungsideologie und Stigmatisierung psychischer Leiden durch den Sozialdarwinismus und den Nationalsozialismus zusammenhängen.

Kollegialität versus Mobbing

Wie bereits ausgeführt, schlagen Beeinträchtigungen des Arbeitsklimas – verglichen mit allen anderen Belastungsfaktoren am Arbeitsplatz – mit Abstand am stärksten auf die Gesundheit von Beschäftigten durch[131]. Über 50 Prozent der Arbeitnehmer/innen fühlen sich von ihren Vorgesetzten nicht ausreichend unterstützt, etwa 30 Prozent beklagen mangelnde Unterstützung auch im Kollegenkreis[132]. In einer auf die Informationstechnologie (IT)-Branche gerichteten Untersuchung berichteten 17 Prozent von andauernden sozialen Spannungen am Arbeitsplatz[133]. Auf alle Branchen bezogen, empfindet sich fast jede/r zehnte Arbeitnehmer/in (8,9 %) am Arbeitsplatz diskriminiert. Bemerkenswert angesichts der anstehenden Notwendigkeit längerer Lebensarbeitszeiten ist die Tatsache, dass ausgerechnet das Alter der häufigste Grund für Diskriminierung am Arbeitsplatz ist[134].

Ein weiteres Phänomen am Arbeitsplatz ist das sogenannte Mobbing (im Englischen wird es als »Bullying« bezeichnet). Unterschieden wird zwischen sogenanntem »direktem Mobbing« und dem seit einigen Jahren neuen Phänomen des »Cyber-Mobbing«. Direktes Mobbing findet im persönlichen Kontakt statt und umfasst wiederholte Einschüchterungen, Beschimpfungen oder Beleidigungen, wiederholte Bloßstel-

lungen vor anderen, insbesondere Entwertungen und Lächer-
lichmachen und systematische Ausgrenzung und Ignorierung
eines Kollegen oder einer Kollegin. Beim Cyber-Mobbing
werden Personen über E-Mails, Internetforen oder per SMS
wiederholt und systematisch bedroht, beleidigt, bloßgestellt
oder durch das Verbreiten von Gerüchten in ihrem Ansehen
beschädigt.

Von Mobbing betroffen sind in der Allgemeinbevölkerung
zwischen fünf und elf Prozent aller Beschäftigten[135]. Einzelne
Berufsgruppen – unter anderem Büroberufe, soziale Berufe,
Gesundheitsberufe und schulische Lehrkräfte – sind einem
deutlich höheren Mobbing-Risiko ausgesetzt[136]. Interessant
und beunruhigend sind Hinweise darauf, dass wiederum ältere
Mitarbeiter von Mobbing besonders betroffen zu sein scheinen.

Verdichtung, Fragmentierung und Multitasking

In den letzten Jahren besonders zugenommen haben eine
Verdichtung und Intensivierung der Arbeit, laufende Unterbrechungen (Fragmentierung) und das damit eng verbundene
Multitasking (Überwachung mehrerer Abläufe und Erledigung mehrerer Aufgaben gleichzeitig). Auch die Spielräume
für eine in gewissem Umfang eigenständige Gestaltung der
Arbeit (diese Spielräume werden im englischen als »Control«
bezeichnet) haben abgenommen. Keinen Gestaltungsspiel-
raum bei der Art und Weise, wie sie ihre Arbeit erledigen, also
keine »Control« haben über 30 Prozent der Beschäftigten,
fast 40 Prozent müssen ihre Arbeitsweise sehr stark an ein
ihnen von außen vorgegebenes Tempo anpassen. Über das
Fehlen eines insgesamt mangelnden Spielraums bei der Aus-

übung ihrer Arbeit klagen mehr als 56 Prozent[137]. Fehlende »Control« ist, wie Untersuchungen von Robert Karasek und Töres Theorell zeigen, die in Kapitel 4 dargelegt werden sollen, ein besonders bedeutsamer gesundheitsrelevanter Stressfaktor.

Von einer Zunahme der Verdichtung bzw. Intensivierung ihrer Arbeit berichten 63 Prozent aller Beschäftigten[138]. Zwischen 40 Prozent[139] und 52 Prozent[140] aller Beschäftigten fühlen sich am Arbeitsplatz unter ständigem Zeitdruck und Hetze. Mit fortwährenden Arbeitsunterbrechungen bzw. einem hohen Maß an Fragmentierung ihrer Arbeit zurechtkommen müssen derzeit 46 Prozent (Zahlen von 2006; 1999 waren dies noch 34 %), im IT-Bereich sind sogar 54 Prozent von andauernden Arbeitsunterbrechungen betroffen[141]. Permanentes Multitasking leisten 59 Prozent der Beschäftigten (Zahlen von 2006; 1999 waren es noch 42 %)[142]. Fragmentierung und Multitasking aktivieren im Gehirn des Menschen das in Kapitel 2 erwähnte »Unruhe-Stresssystem«. Erwiesene Folgen von Arbeitshetze, -verdichtung und -fragmentierung sowie Multitasking sind Schlafstörungen, Erschöpfung, psychosomatische Beschwerden und Depression[143].

Arbeitsplatzunsicherheit

Ein weiterer Belastungsfaktor für viele ist die Arbeitsplatzunsicherheit, von der 22 Prozent betroffen sind[144]. 15 bis 17 Prozent aller Berufstätigen sind tatsächlich nur befristet beschäftigt[145]. Sieben Prozent aller Beschäftigten nennen die erlebte Unsicherheit ihres Arbeitsplatzes als signifikant belastend[146]. Manch einer könnte versucht sein, die Angst von Arbeitnehmern/innen vor einem Verlust des Arbeitsplatzes für eine neurotische Attitüde zu halten (»Was ist schon dabei, wenn man öfters einmal den Arbeitgeber wechseln muss?«). Tatsächlich weisen zahlreiche Indikatoren jedoch auf einen eindeutigen Zusammenhang zwischen der Häufigkeit von Arbeitsplatzwechseln einerseits und – insbesondere stressbedingten bzw. psychischen – Erkrankungen andrerseits hin[147]. Von häufigen Arbeitsplatzwechseln betroffen sind insbesondere gering Qualifizierte wie Hilfsarbeiter/innen oder Beschäftigte im Gast- und Dienstleistungsgewerbe[148].

Mobilität, Pendeln

Gerne unterschätzt wird der durch zahlreiche Untersuchungen belegte belastende Einfluss der räumlichen Mobilität, die einer zunehmenden Zahl von Beschäftigten abgefordert wird. Regelmäßiges Pendeln und berufsbedingte Entsendungen über längere Zeit sind für immer mehr Menschen Teil ihres Berufslebens[149]. Untersuchungen bei AOK-versicherten Erwerbstätigen ergaben, dass hier 12 Prozent der Beschäftigten täglich eine Strecke von mehr als 25 Kilometer fahren, um ihren Job ausüben zu können, bei vier Prozent aller Erwerbstätigen beträgt die täglich zu fahrende Strecke mehr als 50 Kilometer[150]. Höher Qualifizierte pendeln deutlich stärker als andere.

Bei Mitgliedern der Techniker-Krankenkasse, bei der ein Großteil der Versicherten relativ qualifizierten Tätigkeiten nachgeht, beträgt die Zahl der Pendler 45 Prozent. Mehr als 50 km Distanz zwischen Wohnort und Arbeitsplatz überbrücken hier zwölf Prozent der Berufstätigen[151]. »Lange Arbeitszeiten und Arbeitswege« werden von 35 Prozent aller Beschäftigten als hochgradig belastend erlebt[152].

Tatsächlich korreliert der Umfang, in dem Erwerbstätige beruflich unterwegs sein müssen, mit der Häufigkeit gesundheitsbedingter Ausfälle, die ausschließlich stressbedingte bzw. psychische Beeinträchtigungen betreffen[153]. Auch in den USA, in denen die Problematik des Pendelns eine noch größere Rolle als bei uns spielt, wurden signifikante negative Effekte auf die Gesundheit – insbesondere auch auf Herz und Kreislauf – festgestellt[154].

Belastungen durch die Arbeit nach Branchen und Schichtzugehörigkeit

Arbeitsbedingte Gesundheitsbelastungen sind im Bereich wenig qualifizierter Arbeit deutlich stärker ausgeprägt als in qualifizierten Berufen. Bei physischen (physikalisch-chemisch verursachten) Belastungen ist dies selbstevident. Aber auch psychische Belastungen und Gesundheitsstörungen sind keineswegs auf höher qualifizierte oder speziell auf soziale Berufe beschränkt, wie früher angenommen wurde. Vielmehr muss davon ausgegangen werden, dass Beschäftigte aus den eher bildungsfernen sozialen Schichten sich bezüglich erlebter psychischer Belastungen lediglich weniger differenziert oder erst dann artikulieren, wenn eine manifeste Erkrankung eingetreten ist. Tatsächlich deuten Beobachtungen darauf hin, dass bei Beschäftigten mit höherem Sozialstatus eher ein Burnout-Syndrom, bei Erwerbstätigten mit niedererem Status dagegen eher eine Depression diagnostiziert wird[155].

Eine niedere berufliche Stellung erhöht die Wahrscheinlichkeit, an einer Depression zu erkranken, um das 3- bis

4-Fache[156]. Eine gesundheitliche Belastung durch die eigene Arbeit geben Männer am häufigsten im Bereich Verkehr an (33 %), gefolgt vom Baugewerbe (30 %) und Handwerk (25 %), Industrie und öffentlicher Dienst (jeweils 22 %). Frauen beklagen berufsbedingte Gesundheitsbelastungen vor allem in der Gesundheitsbranche (Krankenpflegepersonal) (24 %), im öffentlichen Dienst und im Baugewerbe (jeweils 19 %) sowie in der Industrie (17 %)[157]. Arbeiterinnen und Arbeiter sind durch den Beruf stärker gesundheitlich belastet als Angestellte und Beamte[158]. Insgesamt gilt, dass niedrige Schichtzugehörigkeit, befristete Beschäftigungsverhältnisse und nicht-akademische Tätigkeiten im Gesundheits-, Sozial- und Erziehungswesen in Landwirtschaft, Gastgewerbe, Maschinen-Fahrzeugbau, Metallindustrie und Baugewerbe mit einer besonders hohen Arbeitsbelastung einhergehen[159]. Allerdings sind auch einige Akademikerberufe – unter ihnen schulische Lehrkräfte[160], Krankenhausärzte und niedergelassene Allgemeinärzte – in hohem Maße von beruflich bedingten Stresserkrankungen betroffen.

Erschöpfung und Nicht-abschalten-Können

Von einer andauernden, durch die Arbeit bedingten »starken Stressbelastung« sind nach einer Untersuchung des Robert Koch Institutes in Deutschland, je nach Altersgruppe, zwischen fünf Prozent und zehn Prozent der Männer sowie zwischen zehn Prozent und 15 Prozent der Frauen betroffen[161]. Ein typisches Symptom starker Stressbelastung sind Schlafstörungen, von denen 15 Prozent der Jüngeren und 35 Prozent der Älteren betroffen sind. 60 Prozent derer, die eine starke arbeitsbedingte Stressbelastung angeben, sind durch Schlafstörungen, Burn-out-Symptome oder durch eine Depression beeinträchtigt[162]. 68 Prozent der Betriebsräte von in Deutschland angesiedelten Unternehmen gaben in einer Umfrage an, Leistungsdruck und allgemeiner Stress habe seit der Wirtschaftskrise 2008/2009 deutlich zugenommen[163]. Einer österreichischen Untersuchung zufolge leiden dort 22 Prozent aller Beschäftigten an chronischem Stress am Arbeitsplatz[164].

Chronisch erschöpft fühlen sich, je nach Branche, bis zu 25 Prozent der Beschäftigten[165]. Mehr als ein Drittel der Beschäftigten fühlen sich am Ende eines normalen Arbeitstages zu erschöpft, »um noch irgendetwas tun zu können, was mir Freude macht«[166]. Chronische Erschöpfungszustände scheinen eine Art »Einfallspforte« für verschiedene Erkrankungen zu sein, insbesondere für die Depression, für chronische Rückenschmerzen und weitere psychosomatische Funktionsstörungen[167]. Zu den Berufen, in denen der Anteil derer besonders hoch ist, die sich unmittelbar nach einem Arbeitstag psychisch völlig erschöpft fühlen, zählen niedergelassene Ärzte/innen, schulische Lehrkräfte, Sozialarbeiter/innen, Erzieherinnen und Pflegekräfte[168]. Mit arbeitsbedingter Erschöpfung verbunden ist die Unfähigkeit vieler Menschen, nach der Arbeit abschalten zu können: Hiervon betroffen sind 32 Prozent aller Erwerbstätigen[169]. Die Zahlen nehmen seit Jahren zu. In der Informationstechnologie (IT)-Branche gaben 2001 noch 49 Prozent der Beschäftigten an, nach Dienstschluss nicht abschalten zu können, 2009 waren es 71 Prozent[170].

Doping für die Arbeit

Nach einer von der Deutschen Angestellten Krankenkasse durchgeführten Untersuchung haben in Deutschland zwei Millionen Menschen Erfahrungen mit antriebssteigernden bzw. stimmungsaufhellenden Medikamenten gemacht, die ihnen nicht vom Arzt verordnet wurden, die sie sich stattdessen selbst besorgt und eingenommen haben, um sich für die Arbeit fit zu dopen[171]. Etwa 800 000 Erwerbstätige in Deutschland nehmen regelmäßig derartige Mittel ein, die sich die Betroffenen meistens über den Internethandel besorgen.

Die am häufigsten für ein derartiges Doping am Arbeitsplatz verwandten Stoffe sind Piracetam (ein Mittel gegen Demenz), Methylphenidat (ein zur Behandlung der Aufmerksamkeitsstörung ADHS[172] eingesetztes Mittel, zu dieser Stoffgruppe gehört auch Ritalin), Modafinil (ein Psychostimulanz) und Fluoxetin (ein Antrieb steigerndes Antidepressivum)[173].

Arbeitsunfähigkeit durch psychische Gesundheitsstörungen

Bezogen auf die *Fallzahlen* von Arbeitsunfähigkeit stehen psychische Erkrankungen erst an fünfter Stelle. Die Rangliste der Häufigkeiten von Arbeitsunfähigkeits*fällen* (AU-Fälle je 100 Versicherte) führen Atemwegserkrankungen an (43 %), gefolgt von Erkrankungen des Bewegungsapparates (33 %), Magen-Darm-Erkrankungen (20 %) und Verletzungen (17 %), erst dann folgen psychische Erkrankungen (9,5 %)[174]. Da psychische Erkrankungen pro Einzelfall jedoch relativ lange Ausfallzeiten verursachen, stehen sie in der Statistik der Arbeitsunfähigkeits*tage* (AU-Tage pro Fall) mit 23 Tagen an der Spitze[175].

Psychische Gesundheitsstörungen verursachen etwa zehn Prozent aller Arbeitsunfähigkeitstage[176]. Sowohl die durch psychische Erkrankungen verursachten *Fälle* als auch die Zahl der *Tage* haben sich in den letzten 20 Jahren in etwa verdoppelt[177].

Besonders hoch sind die durch psychische Störungen verursachten Erkrankungen mit Arbeitsunfähigkeit bei Beschäftigten im Gesundheits- und Sozialwesen, besonders nieder bei Banken und Versicherungen. Arbeitslose sind in noch stärkerem Ausmaß von psychischen Erkrankungen betroffen als Erwerbstätige, psychische Störungen sind bei Arbeitslosen sogar die häufigste Gesundheitsstörung[178].

Die bei Arbeitsunfähigkeit am häufigsten gestellte *psychische* Diagnose ist die Depression[179]. Stressfaktoren, insbesondere Überforderungsstress und fehlende Anerkennung sind eine wichtige Ursache für depressive Gesundheitsstörungen[180]. Dass von schlechten Arbeitsbedingungen – über den Zwischenschritt des Burn-out-Syndroms – ein direkter Weg zur Depression führt, ist eine wissenschaftlich belegte Tatsache. Nicht alle, die depressive Beschwerden entwickelt haben, lassen sich krankschreiben, denn auch bei den *nicht* krankgeschriebenen Erwerbstätigen, die täglich unverdrossen ihren Dienst tun, geben 16 Prozent depressive Symptome an[181].

Dass 40 Prozent der Betriebsräte in einer Umfrage angaben, depressive Erkrankungen hätten in den Belegschaften seit der Wirtschaftskrise 2008 zugenommen[182], unterstreicht den Zusammenhang mit der Arbeitssituation. Tatsächlich sind geringe Anerkennung und Arbeitsplatzunsicherheit wissenschaftlich gesicherte Prädiktoren für depressive Störungen[183].

Depressive Erkrankungen sind mehr als »nur« ein psychisches Problem. Schwere Depressionen erhöhen das Risiko für einen Herzinfarkt um 60 bis 100 Prozent. Die Depression erhöht das Herzrisiko damit in einem Umfang, der anderen Risikofaktoren wie Bluthochdruck, Rauchen, Diabetes oder erhöhten Blutfettwerten gleichkommt[184]. Die Zusammenhänge zwischen dem Burn-out-Syndrom, depressiven Störungen und Herzerkrankungen werden in Kapitel 4 ausführlich behandelt werden.

Arbeitsunfähigkeit durch allgemeine Gesundheitsstörungen

Von Interesse ist nicht nur das Ausmaß der durch *psychische* Störungen bedingten, sondern auch der *generellen* Arbeitsunfähigkeit. Eine insgesamt stark beeinträchtigte – mit chronischen Mehrfachbeschwerden einhergehende – Gesundheit beklagen über 16 Prozent der Beschäftigten[185]. Geringe Anerkennung und geringe Bildung sind nicht nur, wie bereits erwähnt, ein Prädiktor für depressive Störungen, sondern für die Gesundheit von Beschäftigten ganz allgemein[186]. Der durchschnittliche Krankenstand aller Beschäftigten liegt bei durchschnittlich etwa zehn Krankentagen im Jahr pro Person[187]. 1991 betrug der durchschnittliche jährliche Krankenstand noch über zwölf Tage, war dann 2006 und 2007 auf einen langjährigen Tiefstwert von acht Tagen gefallen und stieg dann wieder an[188]. Nicht nur Arbeit, auch keine Arbeit zu haben kann krank machen: Menschen ohne Arbeit stehen mit Blick auf Arbeitsunfähigkeitstage pro Jahr an der Spitze der Statistik[189].

Besonders hohe Krankenstände finden sich wiederum bei Beschäftigten im Gesundheitswesen (insbesondere bei Pflegekräften[190]), außerdem im Verkehrswesen, in der Industrie und im Baugewerbe, besonders niedere bei Banken und Versicherungen sowie im Bereich der Medien[191]. Bildung schützt vor

Krankheit, von einigen besonders stark belastenden Akademikerberufen – darunter Hausärzte[192] und schulische Lehrkräfte[193] – abgesehen.

Die statistisch belegte Tatsache, dass die Gesundheitsbelastung in Medienberufen besonders gering zu sein scheint, sollte ein Grund sein, dass Medienschaffende die Gesundheitsbelastung im übrigen Erwerbsleben in verantwortlicher Weise thematisieren und das Thema nicht ironisieren, bagatellisieren oder psychiatrisieren. Insbesondere die von einigen Psychiatern verfolgte Strategie, das (arbeitsbezogene) Burnout-Syndrom für nicht existent zu erklären und zu einer (rein personenbezogenen) Depression zu erklären, sollte vonseiten der Medien keinen Begleitschutz erhalten, Psychopharmaka sind kein Ersatz für gute Arbeitsbedingungen.

Verschleiß durch Arbeit: Die Frühberentung

Auch wenn nicht alle Erkrankungen, die eine Frühberentung nach sich ziehen, auf die Berufstätigkeit zurückzuführen sind, so sind hohe Frühberentungsraten doch ein Indikator für den gesundheitlichen Verschleiß von Berufstätigen. 14 Prozent aller Rentenzugänge beruhen auf gesundheitsbedingter Frühberentung[194]. Was die Krankheitsursachen für den vorzeitigen Ruhestand betrifft, liegen psychische Erkrankungen – noch vor Erkrankungen des Bewegungsapparates und des Herz-Kreislauf-Systems – an vorderster Stelle: Inzwischen – dies ist der Ende 2012 bekannt gegebene Stand für das Jahr 2011 – sind 41 Prozent aller Fälle von gesundheitsbedingter vorzeitiger Berentung durch psychische Diagnosen verursacht, mit einem seit Jahren steigenden Trend nach oben[195]. Im Jahre 2000 lag diese Rate noch bei 24 Prozent, 2010 war sie bereits auf 39 Prozent gestiegen und nahm innerhalb nur eines Jahres um weitere zwei Prozent zu.

Seit Jahren werden makabre Statistiken darüber geführt, in welchen Berufen Beschäftigte vorzeitig wegen Berufsunfähigkeit (oder gar durch Tod) ausscheiden[196]. Berufe, in denen nur knapp die Hälfte aller Beschäftigten die normale Altersgrenze erreichen, sind Gerüstbauer, Dachdecker und Bergleute. Ebenso Besorgnis erregend sind Zahlen, die eine hohe vorzeitige Berufsunfähigkeit bei Berufen wie Maurern (38 %), Bauhilfsarbeitern (38 %) und Malern (37 %) angeben. Eine äußert beunruhigende Nachricht ist, dass auch bei der zahlenmäßig großen Berufsgruppe der Krankenschwestern und Krankenpfleger 41 Prozent vorzeitig aus dem Beruf ausscheiden und dass sich eine ähnlich hohe Rate (36 %) auch bei Sozialarbeitern findet.

Erwerbstätige unter Druck: Der »Stressreport Deutschland 2012«

Einen beeindruckenden, wegen seiner Aktualität hier separat wiedergegebenen Überblick über die derzeitige Situation an deutschen Arbeitsplätzen vermittelt der Ende Januar 2013 publizierte, von der Bundesanstalt für Arbeitsschutz und Arbeitsmedizin herausgegebene »Stressreport Deutschland 2012«, dessen wichtigste Ergebnisse nachfolgend wiedergegeben werden sollen[197]. Grundlage dieser umfangreichen, repräsentativen Untersuchung war eine Ende 2011 bis Anfang 2012 durchgeführte, bundesweite Befragung von über 20 000 Erwerbstätigen. In die Analyse des »Stressreport« einbezogen wurden jedoch nur die mehr als 17 500 Personen, die sich in *abhängigen* Beschäftigungsverhältnissen befanden (Selbstständige und Freiberufler waren also ausgenommen). 54 Prozent der Befragten waren männlichen Geschlechts, das Durchschnittsalter der hier untersuchten Population lag bei 42 Jahren.

Die durchschnittliche wöchentliche faktische Arbeitszeit von Vollzeit-Erwerbstätigen (in abhängiger Beschäftigung) beträgt dieser Untersuchung zufolge in Deutschland 43 Wochenstunden (wenn Teilzeitbeschäftigte mit berücksichtigt werden, liegt die durchschnittliche wöchentliche faktische Arbeitszeit bei 38,3 Stunden). 30 Prozent der Vollzeitbeschäftigten arbeiten bis zu 48 Wochenstunden. Regelmäßig mehr als 48 Wochenstunden arbeiten 16 Prozent der Vollzeitbeschäftigten (im Verkehrswesen beträgt der Anteil hier 25 Prozent, bei Führungskräften 20 %, im Baugewerbe sowie im Kommunikationsbereich jeweils 19 %, bei Lehrkräften 17 %). Regelmäßige Samstagsarbeit leisten 64 Prozent, Sonn- und Feiertagsarbeit 38 Prozent aller abhängig Erwerbstätigen (mit Berufstätigen im Gastgewerbe und Gesundheitsbereich an der Spitze). Regelmäßige Schichtarbeit leisten 13 Prozent, Nachtarbeit sieben Prozent der erfassten Stichprobe. In regelmäßiger Rufbereitschaft für ihren Arbeitgeber stehen 18 Prozent der abhängig Beschäftigten. Zwölf Prozent der untersuchten Population hatten einen lediglich befristeten Arbeitsvertrag.

Von den befragten Beschäftigten als *häufigste* belastende Gegebenheiten am Arbeitsplatz genannt wurden die gleichzeitige Erledigung verschiedener Arbeiten (Multitasking; 58 % Betroffene), starker Termin- und Leistungsdruck (52 %), ständig wiederkehrende Arbeitsvorgänge (Monotonie; 50 %),

Störungen und Unterbrechungen bei der Arbeit (Fragmentierung; 44 %), sehr schnelles Arbeitstempo (39 %) und die wiederkehrende Konfrontation mit neuen Aufgaben (39 %).

Interessant ist, dass die Prozentzahlen derer, die von einem der genannten Belastungsfaktoren im Sinne ihrer Häufigkeit *betroffen* waren, nicht identisch mit den Prozentzahlen derjenigen waren, die sich durch die jeweiligen Faktoren auch tatsächlich stark *belastet* fühlten. Am stärksten belastet fühlen sich Erwerbstätige von starkem Termin- und Leistungsdruck (34 %), von ständigen Störungen und Unterbrechungen bei der Arbeit (26 %), vom Zwang zu sehr schneller Arbeit (19 %), gefolgt von der Notwendigkeit, verschiedene Aufgaben gleichzeitig erledigen zu müssen (18 %). Führungskräfte sind, im Vergleich zu ihren Mitarbeiterinnen und Mitarbeitern, von Multitasking, starkem Termin- und Leistungsdruck sowie von Fragmentierung ihrer Arbeit stärker betroffen, Monotonie dagegen betrifft vor allem die Untergebenen.

Umstrukturierungen ihres Betriebes innerhalb der letzten zwei Jahre gaben 42 Prozent aller abhängig Beschäftigten an. Betroffen waren hier vor allem Industriebetriebe und der öffentliche Dienst, mit einem Schwerpunkt auf große Betriebe bzw. Institutionen. Umstrukturierungen waren in 42 Prozent der Fälle mit Stellenabbau bei gleichzeitiger Vermehrung von Stellen für Leiharbeiter oder freie Mitarbeiter (46 % der von Umstrukturierung betroffenen Fälle) verbunden. Weitere Folgen von Umstrukturierungen waren, wie die Analysen des »Stressreport« belegen, eine Zunahme des allgemeinen Termin- und Leistungsdruckes, vermehrtes Multitasking, vermehrte Störungen oder Unterbrechungen bei der Arbeit, vor allem aber ein signifikant vermehrtes Auftreten von Erschöpfungszuständen. Arbeitnehmer können diesem Druck oft nichts entgegensetzen: Keinerlei Einfluss auf die Arbeitsmenge am Arbeitsplatz haben 68 Prozent der abhängig Beschäftigten, 44 Prozent haben keinen Einfluss darauf, wann Pausen eingelegt werden können, 33 Prozent können sich ihre Arbeit in keiner Weise selbst einteilen, 30 Prozent haben keinerlei Einfluss auf das Arbeitstempo.

Über eine Zunahme von Arbeitsdruck und Stress am Arbeitsplatz im Verlauf der letzten zwei Jahre klagen in Deutschland 43 Prozent aller Beschäftigten (bei Führungskräften sind es gar 48 %). 19 Prozent aller abhängig Erwerbstätigen fühlen sich von der Menge der von ihnen zu leistenden Arbeit komplett überfordert. Knapp 70 Prozent der Berufstätigen in Deutschland leiden an Beschwerden im Bereich ihres Bewegungsapparates (vor allem Muskelbeschwerden des Nackens und des Rückens sowie Gelenkbeschwerden), 57 Prozent klagen über psychovegetative Beschwerden (vor allem Müdigkeit, Erschöpfung, Schlafstörungen, Nervosität). Als körperlich und emotional komplett erschöpft bezeichnen sich 17 Prozent aller Berufstätigen in abhängiger Beschäftigung, 14 Prozent berichten über einen definitiv schlechten gesundheitlichen Allgemeinzustand. 21 % aller Beschäftigten kommen, wenn es ihnen irgendwie möglich ist, auch dann zur Arbeit, wenn sie nach eigener Einschätzung eigentlich krankheitsbedingt nicht arbeitsfähig sind, ein als »Presentismus« bezeichnetes Phänomen (16 % der Beschäftigten glänzen durch gelegentlichen »Absentismus«, d.h. sie lassen sich ab und zu einmal krankschreiben, ohne krank zu sein).

In mehreren gemessenen Dimensionen des Arbeitslebens besonders stark belastet sind Beschäftigte im Bereich Verkehr und Logistik, im Baugewerbe, im Gastgewerbe, in der Industrie, im Bereich Gesundheit und Soziales, Erziehung und Unterricht sowie Information und Kommunikation. Wie im Rahmen des »Stressreport« durchgeführte Analysen zeigten, sind die genannten gesundheitlichen Belastungen nicht nur Folge der »objektiven«, bereits oben genannten Arbeitsbedingungen (Arbeitsmenge, Zeitdruck, Multitasking, Fragmentierung, fehlende Einflussmöglichkeiten auf die Gestaltung der eigenen Arbeit etc.), sondern hängen in signifikanter Weise auch mit dem Klima am Arbeitsplatz zusammen. 20 Prozent aller Beschäftigten erleben keine kollegiale Unterstützung. Wer sich von seinen Vorgesetzten nicht wertgeschätzt oder unterstützt fühlt (dies sind 41 % aller Beschäftigten), hat – im Vergleich zu Arbeitnehmern, die Unterstützung vonseiten ihrer Vorgesetzten erfahren – ein Mehrfaches an körperlichen und psychovegetativen Beschwerden.

Resümee

Hohe Beanspruchung, Beschleunigung, Arbeitshetze, geringe Gestaltungsmöglichkeiten und Fragmentierung der Arbeitsvollzüge kennzeichnen die Situation an vielen Arbeitsplätzen. Nicht alles, woran Menschen krank werden können, hat mit dem Arbeitsplatz zu tun. Allerdings verkennen Versuche, den Arbeitsplatz als wichtigen Einflussfaktor für Gesundheitsbelastungen von Beschäftigten auszublenden[198], die Realitäten. Nicht nur die in diesem Kapitel dargestellte Situation, sondern auch die im nachfolgenden Kapitel 4 dargelegten hohen Korrelationen von arbeitsbedingten Stressfaktoren mit Erkrankungen, bei denen stressbedingte Faktoren eine wissenschaftlich erwiesene Rolle spielen – darunter depressive

Symptome, Herz- und Kreislauferkrankungen sowie chronische Rückenschmerzen –, sprechen für einen erheblichen Einfluss der Arbeitssituation auf die Gesundheit. Ein besonders starker Hinweis dafür sind schließlich die in den letzten Jahren stark angestiegenen Raten psychischer Störungen als Ursache für Frühberentungen.

4

Burn-out, Depression und das gestresste Herz

Das Burn-out-Syndrom ist keine »Mode-Diagnose«[199], sondern eine ernst zu nehmende Störung, deren primärer Ausgangspunkt die Situation am Arbeitsplatz ist[200]. Das Burn-out-Syndrom wird derzeit kontrovers diskutiert. Einerseits wird seine Existenz negiert: Wer behaupte, an der »Mode-Diagnose« Burn-out zu leiden, habe in Wirklichkeit eine Depression. Alle, die aus psychiatrischer Sicht keine Depression haben, sich am Arbeitsplatz aber dennoch gesundheitlich nicht in Ordnung fühlen, müssten dann den Simulanten zugerechnet werden[201]. Andrerseits wird dann aber doch besorgt darauf hingewiesen, man müsse das Burn-out-Syndrom ernst nehmen[202].

Leider fehlt es, zumindest in Deutschland, an psychiatrischer Forschung über den Einfluss des Arbeitslebens auf die Entstehung psychischer Erkrankungen, insbesondere der Depression[203]. Dies kann jedoch kein vernünftiger Grund sein, die von Arbeitspsychologen und Medizinsoziologen über Jahrzehnte geleistete Burn-out-Forschung – mit einer großen Zahl wissenschaftlicher Publikationen – für irrelevant zu erklären. Insgesamt gewinnt man den Eindruck, dass es derzeit vor allem darum geht, auf dem Gebiet der psychischen Gesundheit am Arbeitsplatz die Deutungshoheit zu erlangen, obwohl die Psychiatrie auf diesem Gebiet wie gesagt bisher kaum mit Studien in Erscheinung getreten ist[204]. Auf den Arbeitsplatz bezogene Störungen der Leistungsfähigkeit kurzerhand der Depression zuzuordnen (und sie andernfalls nicht anzuerkennen) geht an wichtigen Unterschieden, die zwischen dem Burn-out-Syndrom und der Depression bestehen, insbesondere an der engen Beziehung des Burn-out-Syndroms zum Arbeitsplatz, vorbei. Eine im Jahre 2011 gestartete Kampagne gegen den Begriff »Burn-out-Syndrom« hatte, wie der »DAK-Gesundheitsreport 2013« zeigt, offenbar zur Folge, dass viele Ärzte den Begriff seither nicht mehr verwenden und den Betroffenen stattdessen eine Depression oder eine Angsterkrankung attestieren. Ob gestressten Arbeitnehmerinnen und Arbeitnehmern mit einer solchen Psychiatrisierung gedient ist, darf bezweifelt werden. Psychopharmaka können gute Arbeitsbedingungen nicht ersetzen.

Nachfolgend soll darlegt werden, worum es sich beim Burn-out-Syndrom – im Unterschied zur Depression – handelt. Dabei soll zunächst die bis in die 20er-Jahre des letzten Jahrhunderts zurückreichende Entdeckungs- und Erforschungsgeschichte des Burn-out-Syndroms beschrieben werden. Anschließend sollen drei mit dem Burn-out-Syndrom in enger Beziehung stehende, international anerkannte Stressmodelle dargestellt werden: 1. Das »Job Demands-Control«-Modell von Robert Karasek und Töres Theorell; 2. das »Job Demands-Resources«-Modell von Wilmar Schaufeli und Evangelia Demerouti; und 3. das »Effort-Reward«-Modell von Johannes Siegrist.

Abschließend sollen diese Modelle einem »Realitätstest« unterzogen werden, indem Studien vorgestellt werden, welche einen Zusammenhang zwischen Stress am Arbeitsplatz (gemessen mit den drei genannten Modellen) und objektivierbaren Gesundheitsstörungen untersuchen. Dabei wird sich zeigen, dass das Burn-out-Syndrom mit der Depression – entgegen anderslautenden Behauptungen – nicht identisch ist, dass es aber eine Durchgangsstation zur Depression sein kann.

Der Beginn der Burn-out-Forschung: Kurt Lewin

Wenn die Geschichte der Erforschung des Burn-out-Syndroms erzählt wird, fallen zumeist die Namen Herbert Freudenbergers (eines New Yorker Psychologen und Psychoanalytikers) und Christina Maslachs (einer kalifornischen Psychologieprofessorin). Tatsächlich haben diese beiden innerhalb der Burn-out-Forschung eine herausgehobene Bedeutung. Den Anfang einer wissenschaftlichen Erforschung von Störungen der psychischen Gesundheit am Arbeitsplatz machte jedoch der in Deutschland aufgewachsene und 1933 wegen seiner jüdischen Identität vor den Nazis in die USA emigrierte Kurt Lewin (1890–1947). Kurt Lewin hatte seine Gymnasialjahre in Berlin verbracht. Im Ersten Weltkrieg kämpfte er als Soldat auf deutscher Seite und wurde schwer verwundet. Lewin hatte zunächst in Freiburg im Breisgau ein Medizinstudium begonnen, wechselte dann aber nach München und Berlin, wo er Psychologie und Philosophie studierte. Nach seiner Habilitation lehrte er in den 20er-Jahren an der Berliner Friedrich-Wilhelm-Universität, wo er eine Reihe von Forschungsvorhaben durchführte, darunter – zusammen mit seiner Doktorandin Anitra Karsten – auch Studien über psychische Reaktionen am Arbeitsplatz[205]. In zwei Publikationen aus den Jahren 1928 beschreiben Karsten und Lewin ein

Phänomen, welches ein Kernbestandteil dessen ist, was fast fünfzig Jahre später als Burn-out-Syndrom bezeichnet werden sollte[206].

Was Kurt Lewin und Anitra Karsten beschrieben, ist ein langsamer, kontinuierlicher Übergang, ausgehend von einem Gefühl ungeschmälerter Arbeitsfreude[207] hin zu einem Zustand, den sie »psychische Sättigung« bzw. »psychische Übersättigung« nannten. »Psychischen Sättigung« ist von Zuständen wie Ermüdung, Faulheit oder Langeweile abgegrenzt und sollte damit nicht verwechselt werden.

»Wesentlich für die Sättigung«, so Lewin, sei »folgendes: Es handelt sich nicht um eine bloße Erschlaffung, sondern um das Entstehen eines negativen Aufforderungscharakters, der von der Handlung [also von der Arbeit] wegtreibt.« Was Lewin und Karsten beschrieben haben, ist eine unbezwingbare innere Antipathie, die dem Ekel nahezukommen scheint. »Man sieht den Sättigungsprozess durchaus schief, wenn man ihn nur als ein allmähliches Gleichgültig-werden und Erschlaffen auffasst. Vielmehr ist der charakteristische Fall der Sättigung dann gegeben, wenn antagonistische Kräfte sich bemerkbar machen, wenn also trotz einer gewissen Verbundenheit mit der Arbeit die Abneigung gegen die Arbeit allmählich anwächst.«[208] Psychische Sättigung hat zur Folge, »dass die Person trotz eines gewissen äußeren Zwanges und *trotz guten Willens und großer Anstrengung die Arbeit fortzuführen,* diese Arbeit nicht mehr ausführen ›kann‹ und daher abbricht«[209] (Kursivierung durch den Autor).

Das »Nicht-mehr-Können« von Arbeitnehmern und Arbeitnehmerinnen, das Kurt Lewin und Anitra Karsten beschrieben haben, tritt nicht aus heiterem Himmel auf. Die beiden Forscher fanden das Phänomen der »psychischen Sättigung«

vor allem bei Aufgabenstellungen, die ein Gefühl des » Auf der Stelle Tretens« auslösen, also bei monotonen, auf die Wiederholung immer gleicher Handlungen beschränkten Arbeiten. Interessant war, dass wenn die Arbeit »irgendwie als Weiterkommen erlebt [wird], ... die Sättigung ganz ausbleiben oder jedenfalls aufgehalten werden [kann], selbst dann, wenn äußerlich eine Wiederholungshandlung vorliegt«[210].

Was die Aversion gegen die Arbeit auslöst, ist also nicht allein eine wiederholte Tätigkeit an sich, sondern, so Lewin, die »Wiederholung im psychologischen Sinne«, das Gefühl des »Auf der Stelle Tretens«.

Lewin und Karsten erkannten ein Ambivalenz-Phänomen, das sich bei fast allen Burn-out-Betroffenen finden lässt: Gegenüber der eigenen Arbeit aufkommende Gefühle der Aversion stehen im inneren Widerstreit zu einem gegenläufigen Wunsch, die aufgetragene Arbeit doch irgendwie zu schaffen, weil ein Scheitern oder Aufgeben »den Charakter eines Unterliegens« hätte[211], also als eine persönliche Niederlage empfunden würde. Dies bedeutet: Die in den Betroffenen aufsteigende Abneigung (»Sättigung«) gegenüber ihrer Arbeit entspricht nicht einer Laune, sondern produziert einen inneren Konflikt zwischen Pflichtgefühl und »Nicht mehr Können«.

Dies entspricht der jahrelangen Beobachtung all derer, die sich beruflich tatsächlich mit Burn-out-Betroffenen befasst haben und widerspricht der Auffassung, beim Burn-out-Syndrom handle es sich um eine Laune arbeitsunlustiger Personen ohne Anstrengungsbereitschaft oder kurzerhand um Menschen mit Depression.

Menschen versuchen in der Regel, ihre Arbeit auch unter Stress irgendwie durchzuhalten. So beobachteten Lewin und

Karsten bei Personen, die monotone Aufgaben zu erledigen hatten, dass sie versuchten, in Eigeninitiative die Handlungsabläufe etwas zu variieren, um länger durchhalten zu können. Dies half jedoch nur vorübergehend. In einer sich daran anschließenden Phase kam es dann zu einem vermehrten Auftreten von Fehlern. Schließlich versuchten die Betroffenen, »auf irgendeine Weise aus dem Felde zu gehen und die [ihnen durch die Arbeitsanweisung gesetzte] Barriere ... zu durchbrechen«, wobei es dann zu »Affektentladungen«[212] gekommen sei: Die Betroffenen brachen entweder emotional zusammen oder revoltierten.

Pionier und Namensgeber: Herbert Freudenberger

Die bahnbrechenden Arbeiten Kurt Lewins aus seiner Berliner Zeit gerieten in Vergessenheit, was zum einen durch seine Emigration verursacht war, zum anderen dadurch, dass er später in den USA andere, neue Forschungsansätze verfolgte. Diese beschäftigten sich von nun an nicht mehr mit dem *individuellen* Erleben von Erwerbstätigen, sondern mit den Prozessen, die sich in *Gruppen* arbeitender Menschen beobachten lassen.

Es waren nicht seine Berliner, sondern seine in den USA durchgeführten Arbeiten über gruppendynamische Prozesse, mit denen Kurt Lewin international bekannt wurde. Es dauerte fast fünfzig Jahre, bis die von Kurt Lewin und seiner Berliner Arbeitsgruppe verfolgte Spur wiederaufgenommen und weiterverfolgt wurde. Allerdings scheint Herbert Freudenberger, der die moderne Burn-out-Forschung begründete, Lewins Berliner Arbeiten nicht gekannt zu haben.

Herbert Freudenberger (1926–1999) war wie Kurt Lewin ursprünglich jüdischer Deutscher. Eine zunächst behütete Kindheit in Frankfurt wurde durch die Machtergreifung der Nazis abrupt beendet. Die Familie war früh von Willkürmaßnahmen betroffen, sein Vater (er war Viehhändler) verlor seine Arbeit, seine Mutter erkrankte an einer Depression. Nach der Reichspogromnacht am 9. November 1938 entschied sein Vater, den damals gerade einmal 12-jährigen Knaben ins Ausland reisen zu lassen und damit in Sicherheit zu bringen. Über Zwischenstationen in der Schweiz, Holland und Frankreich kam Freudenberger in die USA, wo er bei einer Tante in New York Unterkunft finden sollte. Da diese den Jungen jedoch ablehnte, lebte Freudenberger zeitweise auf der Straße und schlug sich mit Diebstählen durch. Schließlich konnten seine Eltern in die USA nachkommen.

Nach Abschluss einer Lehre als Werkzeugmacher nahm er ein Psychologiestudium auf, wobei er unter anderem von dem renommierten Psychologen Abraham Maslow (1908–1970), Begründer der humanistischen Psychologie, unterrichtet wurde. Er promovierte in Psychologie, machte eine Lehranalyse beim Freud-Schüler Theodor Reik und wurde Psychoanalytiker. Neben der Ausübung seiner Praxis unterrichtete er an verschiedenen Universitäten New Yorks und engagierte sich in sozialen Projekten.

Ausgangspunkt für seine Beschäftigung mit dem, was er schließlich als »Burn-out« bezeichnete, war Herbert Freudenbergers Engagement in einer der vielen sogenannten »Free Clinics«[213]. »Free Clinics« sind kostenlose Ambulanzen. Sie werden in den USA von Ärzten, Psychologen, Krankenschwestern und -pflegern sowie von Sozialarbeitern für Personen ohne Krankenversicherungsschutz, also überwiegend für Arme, betrieben. Ihre Klientel, circa zwei Millionen Menschen jährlich, besteht aus Obdachlosen, Immigranten, HIV-Infizierten und Drogenabhängigen.

Die in einer »Free Clinic« engagierten Ärzte, Pflegekräfte, Psychologen und Sozialarbeiter arbeiten – neben ihrer »normalen« Beschäftigung an anderer Stelle – großenteils ehrenamtlich oder gegen nur geringe Bezahlung. Träger der »Free Clinics« sind neben »normalen« Klinikbetreibern vor allem kirchliche Organisationen. Herbert Freudenberger war Teil des Teams der »St. Marks Free Clinic« im New Yorker East Village, das damals in den 70er-Jahren noch nicht jener hippe Stadtteil war, der er heute ist. Bei Mitarbeitern seiner »Free Clinic«– und zweimal auch bei sich selbst – erlebte Freudenberger einen Veränderungsprozess, den er als ein regelhaftes und typisches Geschehen erkannte und dem er in einem berühmt gewordenen, im Jahre 1974 publizierten Artikel den Namen »Burn-out« gab[214].

Kennzeichen des von Freudenberger beschriebenen »Burn-out«-Prozesses waren drei Veränderungen: 1. Verlust von Energie und Erschöpfung am Arbeitsplatz; 2. ein innerer Widerwillen gegenüber der beruflichen Arbeit und den Klienten bzw. Patienten; und 3. Verlust der Effektivität am Arbeitsplatz. Die hier von mir gegebene Dreigliederung wurde (noch) nicht von Freudenberger selbst vorgenommen, sie ergibt sich aber passgenau aus dem, was er in seinem erwähnten Beitrag detailliert ausführte[215]: Beginnend etwa ein Jahr nach Aufnahme ihrer Tätigkeit seien bei vielen seiner »Free Clinic«-Kollegen Erschöpfung, Müdigkeit, Schlafstörungen und psychosomatische Beschwerden aufgetreten. Hinzu seien dann Veränderungen des Verhaltens am Arbeitsplatz, insbesondere im Umgang mit

Klienten bzw. Patienten, gekommen: Die Betroffenen entwickelten eine allgemein negative, pessimistische Grundhaltung, verhielten sich zunehmend rigide und unflexibel und zeigten gegenüber ihrer Klientel einen ausgeprägten Zynismus.

Die von Freudenberger beschriebene Entwicklung einer negativen Haltung gegenüber der eigenen Arbeit erinnert an das von Kurt Lewin beschriebene Phänomen der »Sättigung« (siehe oben). Schließlich, so Freudenberger, sei es bei den betroffenen Kollegen zu einem Nachlassen der Effektivität ihres Tuns gekommen: Anstehende Aufgaben nahmen zunehmend mehr Zeit in Anspruch, was zur Folge hatte, dass die Betroffenen ihren zeitlichen Arbeitseinsatz zulasten ihres Privatlebens erhöhten. Am Ende stand mit dem »Burn-out« ein Zustand, den bereits Kurt Lewin als »Nicht mehr Können« beschrieben hatte.

Als besonders gefährdet von Burn-out beschrieb Freudenberger Personen, die zu Beginn ihres Einsatzes besonders »committed« und »dedicated«, die also besonders überzeugt von ihrer Aufgabe, einsatzwillig und voller Hingabe an die Arbeit gewesen seien, zugleich aber finanziell gar nicht oder nur schlecht entlohnt werden konnten. Bei denen, die später einem »Burn-out« erlagen, sei außerdem ein starker, sowohl nach innen wie auch nach außen gerichteter moralischer Druck spürbar gewesen und eine besondere Bedürftigkeit, anderen helfen zu wollen. Diese von Freudenberger als »a need to give«[216] bezeichnete Haltung sollte einige Jahre später in Deutschland als »Helfersyndrom« Berühmtheit erlangen.

Neben den in der persönlichen Haltung der Betroffenen liegenden Risikofaktoren für Burn-out nannte Freudenberger aber auch in der Arbeit selbst begründete Risiken wie Langeweile, Routine und Monotonie. Auch zur Prävention gab

Freudenberger Hinweise: Er warnte davor, die eigene Arbeit mit zu hohen Idealen und Erfolgserwartungen zu belasten. Von präventiver Bedeutung sei außerdem eine gesunde Lebensweise, Sport, die Pflege persönlicher Hobbys und ausreichender Schlaf. Bei der Arbeit selbst sei auf Anforderungsvielfalt – zur Vermeidung von Monotonie – zu achten. Das Arbeitspensum sei zu begrenzen, der Arbeitsplatz dürfe nicht zum »Zuhause« werden. Von großer Bedeutung sei schließlich auch ein gutes kollegiales Klima und Teamsupervision. Wenn »Burn-out« bereits eingetreten sei, könne nur eine Auszeit und psychologische Unterstützung helfen[217].

Alles, was der Pionier Herbert Freudenberger Mitte der 70er-Jahre über das Burn-out-Syndrom schrieb, hat bis heute Gültigkeit. Die Mitarbeit in einer New Yorker »Free Clinic« war nicht das einzige soziale Engagement dieses herausragenden Psychologen und Psychotherapeuten. Er war auch auf dem Gebiet der psychischen Leiden von traumatisierten Vietnam-Soldaten engagiert, arbeitete über Suchtkrankheiten und über einige weitere psychische Störungen. In seinem Todesjahr 1999 wurde Freudenberger für sein Lebenswerk, zu dem zählten auch zahlreiche wissenschaftliche Publikationen, mit dem »Gold Medal Award for Life Achievement in the Practice of Psychology« der American Psychological Association ausgezeichnet, eine Auszeichnung, die nur sehr wenigen Kollegen seines Fachs zuteilwurde[218]. Dass das von ihm gesetzte Thema zu einem weltweit beachteten Gegenstand der psychologischen und medizinischen Forschung wurde, war dann aber vor allem seiner US-amerikanischen Kollegin Christina Maslach zu verdanken.

Definition und Feldforschung: Christina Maslach

Christina Maslach, in den USA geborene Psychologin und Professorin an der University of California in Berkeley, hatte vor Veröffentlichung ihres ersten Beitrages zum Thema Burnout im Jahre 1976[219] bereits eine Reihe von Arbeiten publiziert, einige zusammen mit ihrem seinerzeitigen Mentor und späteren Ehemann Philip Zimbardo. Sie war es, die Zimbardo – unter Androhung der Aufkündigung ihrer Freundschaft – dazu veranlasste, sein aus dem Ruder gelaufenes Standford Prison-Experiment zu beenden[220]. Doch nicht nur dies war bzw. ist Christina Maslach zu verdanken. Sie war es vor allem, die das von Herbert Freudenberger zunächst nur deskriptiv, in Art einer allgemeinen, erzählenden Beschreibung eingeführte Burn-out-Syndrom »operationalisiert«, das heißt, so fassbar gemacht hat, dass es möglich wurde, dieses Syndrom wissenschaftlich zu erforschen[221]. Immer wieder deutlich gemacht wurde von Christina Maslach, dass »Job Burn-out« keine medizinische Diagnose, sondern – im Gegensatz zur Depression – eine auf den Kontext der beruflichen Arbeit beschränkte Störung darstellt.

Ein erster wichtiger Beitrag Christina Maslachs zur Erforschung des Burn-out-Syndroms[222] am Arbeitsplatz war dessen klare Definition, wobei sie drei Kriterien definierte: 1. Emotionale Erschöpfung (»Emotional Exhaustion«); 2. »Entpersönlichung« (»Depersonalisation«), womit eine (vorher nicht vorhandene) emotionale Distanzierung gegenüber der eigenen Arbeit gemeint ist oder eine (vorher nicht vorhandene) ablehnende und zynischen Haltung gegenüber den Menschen, für die man beruflich tätig ist[223]; und 3. Ineffizienz, oft verbunden mit einem Gefühl fehlender Sinnhaftigkeit mit Blick auf Arbeit (»Low personal accomplishment«). Alle drei Komponenten finden sich bei näherem Hinsehen bereits bei Herbert Freudenberger erwähnt, bei dem aber eine klare Gliederung in die drei von Maslach beschriebenen Dimensionen des Burn-out-Syndroms noch fehlte. Die von Maslach gegebene Definition des Burn-out-Syndroms hat bis heute Gültigkeit. Die immer wieder zu hörende Behauptung, das Syndrom sei unklar definiert, ist unrichtig.

Maslachs zweiter wichtiger Beitrag war, dass sie auf der Basis der von ihr vorgenommenen Gliederung einen Fragebogen entwickelte, der zu einem weltweit anerkannten, in viele Sprachen übersetzten Messinstrument des Burn-out-Syndroms werden sollte[224]. In seiner letzten, 1996 überarbeiteten Version erschien das »Maslach Burn-out Inventory« (MBI) in mehreren, auf jeweils bestimmte Berufs- oder Tätigkeitsfelder besonders zugeschnittenen Versionen.

Als gesellschaftliche Ursache für das weltweit zunehmende Auftreten von »Job Burn-out« sah Christina Maslach den Übergang von Industrie- in Dienstleistungsgesellschaften[225]. So wie die zunehmende Industrialisierung der einst landwirtschaftlich geprägten Gesellschaften Mitte des 19. Jahrhunderts zum Auftreten der bereits oben erwähnten »Neurasthenie« geführt habe, so sei das Auftreten des Burn-out-Syndroms mit dem Übergang in die modernen Dienstleistungsgesellschaften verbunden. Die Annahme war, dass anstrengende berufliche Arbeit mit anderen Menschen, wie sie in Humandienstleistungsberufen (Pflegepersonal, Sozialarbeiter, Lehrer, Ärzte etc.) zu leisten ist, ein Risikofaktor für Burn-out sei. Untersuchungen außerhalb des Humandienstleistungssektors zeigten dann jedoch, dass sich auch hier hohe Burn-out-Raten finden lassen.

Das Kriterium der »Depersonalisation« zeigt sich in anderen als Humandienstleistungsberufen logischerweise, wie schon erwähnt, allerdings nicht in Zynismus gegenüber (gar nicht vorhandenen) Klienten oder Kunden, sondern in einer allgemeinen inneren Distanzierung und Ablehnung gegenüber der Arbeit (was wiederum an Kurt Lewins »Sättigung« erinnert). Nachdem sich das Burn-out-Syndrom als ein nicht nur auf Dienstleistungsberufe beschränktes Phänomen erwiesen hatte, musste die Ursachenanalyse vertieft werden[226].

Die Gründe für das Auftreten von »Job Burn-out« können einerseits in der Situation am Arbeitsplatz selbst liegen, sie können aber auch mit Umständen zu tun haben, die in der Person der Berufstätigen liegen (natürlich kann beides auch zusammenkommen). So weit es die Arbeit selbst betrifft, identifizierte Maslach sechs Aspekte des Arbeitsplatzes (»Job Domains«) mit besonderer Bedeutung für die Erhaltung der seelischen Gesundheit: 1. Arbeitsmenge (»Work load«); 2. Möglichkeit der Einflussnahme auf die Arbeitsabläufe (»Control«); 3. Belohnung und Anerkennung (»Reward«); 4. Arbeitsklima und Kollegialität (»Community«); 5. Transparenz und Gerechtigkeit (»Fairness«) und 6. die mit der Arbeit verbundene Sinnhaftigkeit und Wertehaltungen (»Values«).

Anhand von wissenschaftlich begleiteten Programmen, die sie in zahlreichen Firmen realisierte, hat Maslach ein Anti-Burn-out-Programm für Betriebe und Belegschaften entwickelt. Doch nicht nur die Arbeit selbst ist es, die Risiken für eine Burn-out-Erkrankung mit sich bringen kann. Als in der Person der Beschäftigten selbst liegenden Risikofaktoren erkannte Maslach vor allem eine ängstliche, pessimistische oder depressive Grundhaltung gegenüber dem Leben[227].

Modelle zur Erfassung von Stress am Arbeitsplatz: Karasek, Theorell, Schaufeli, Demerouti und Siegrist

Nach Freudenberger und Maslach versuchten mehrere Forschergruppen, objektivierbare Merkmale der konkreten Arbeitssituation zu definieren, um diese dann in eine Beziehung zu objektivierbaren Störungen der Arbeitsfähigkeit setzen zu können. Objektivierbare Störungen der Arbeitsfähigkeit mussten nicht neu erfunden werden, sie ließen sich zum Beispiel als Burn-out-Symptome, als Depression oder als Symptome einer körperlichen Erkrankung (z. B. einer koronaren Herzerkrankung) erfassen. Woran es jedoch mangelte, waren Modelle, mit denen sich Merkmale der konkreten Arbeitsstation objektiv erfassen ließen. Für die Praxis brauchbare Forschungsergebnisse lassen sich nur gewinnen, wenn man konkrete, objektiv feststellbare Umstände am Arbeitsplatz mit dem Auftreten konkreter, objektivierbarer Gesundheitsstörungen in Beziehung setzen kann.

Drei Forschergruppen gelang es, jeweils ein brauchbares – und inzwischen jeweils auch international anerkanntes – Stressmodell zu entwickeln, mit dem sich Merkmale der konkreten Arbeitssituation erfassen lassen. Die drei Modelle sind nicht identisch, sie sind sich jedoch ähnlich. Sie stellten sich als überaus brauchbar heraus und führten zu einem Durchbruch in der Erforschung arbeitsbedingter Gesundheitsstörungen. Die Forschungsergebnisse dieser Gruppen bildeten unter anderem die Grundlage der im Jahre 2011 herausgegebenen arbeitsmedizinischen Empfehlungen des Bundesministeriums für Arbeit und Soziales[228]. Alle drei Modelle fokussieren auf den *Arbeitsplatz und die an ihm zu leistende Arbeit,* nicht aber auf individuelle Persönlichkeitseigenschaften des einzelnen Erwerbstätigen[229].

Auf den Arbeitsplatz bezogene und personenbezogene Risikofaktoren lassen sich nicht gegeneinander ausspielen. Arbeitsbezogene Faktoren sind jedoch als primär anzusehen, denn arbeitende Menschen sind nun einmal so, wie sie sind. Man kann nicht jeden Arbeitnehmer einer Therapie unterziehen. Die Arbeit ist an den Menschen anzupassen und nicht umgekehrt. Dies bedeutet natürlich nicht, die Bedeutung des Beitrages zu negieren, den Erwerbstätige ihrerseits für ein Gelingen ihrer Arbeit zu leisten haben. Dies betrifft insbesondere eine gesunde Lebensweise.

Nachfolgend sollen nun zunächst die drei genannten Modelle für die Erfassung von Stress am Arbeitsplatz beschrieben werden, wobei jeweils angegeben wird, in welchem Umfang Beschäftigte – gemäß der Definition dieser Modelle – von Arbeitsstress betroffen sind. Daran anschließend soll dargelegt werden, inwieweit die drei Modelle ihren »Realitätstest« bestehen, das heißt, inwieweit der von ihnen definierte Arbeitsstress mit objektivierbaren Gesundheitsstörungen in Zusammenhang steht.

Das »Job Demands-Control«-Stressmodell

Mit Töres Theorell, einem an der Karolinska Universitätsklinik in Stockholm arbeitenden Mediziner, entwickelte der US-Soziologe Robert Karasek von der Universität von Massachusetts das »Demand-Control«-Modell[230]. Es beschreibt eine Balance zwischen den Arbeitsanforderungen (»Demands«) und dem Entscheidungsspielraum (»Control«), der arbeitenden Menschen zur Verfügung steht. Als »Demands« definierten Karasek und Theorell Termin- und

Leistungsdruck, das häufige Auftreten unvorhersehbarer Probleme, ständige Unterbrechungen und Multitasking, eine immer wieder notwendige Einarbeitung in neue Aufgaben oder die Gefahr, dass kleine Fehler weitreichende, schlimme Auswirkungen haben könnten. »Control« meint den Entscheidungsspielraum (»Decision Latitude«), den Erwerbstätige bei der Ausübung ihrer Arbeit haben, vor allem die Möglichkeit, die eigene Arbeit bis zu einem gewissen Grade eigenständig planen und einteilen zu können und Einfluss auf die zugewiesene Arbeitsmenge nehmen zu können. Weiterhin meint »Control« keine zu enge, bis ins Detail gehende Festlegung, wie die eigene Arbeit auszuführen ist, und kein zu hohes Maß an Monotonie.

Karasek und Theorell beschrieben vier Typen von beruflicher Arbeit: 1. Arbeitsplätze mit niedrigen Anforderungen und zugleich niedrigem Entscheidungsspielraum bezeichneten sie als »Passive Jobs« (bei solchen wenig kreativen Tätigkeiten, bei denen keine Möglichkeiten gegeben sind, Potenziale zu entfalten, besteht die Gefahr eines »Bore-out«-Syndroms, also von Stress durch Langeweile); 2. Hohe Anforderungen und ein zugleich großer Entscheidungsspielraum resultiert in »Active Jobs« (an solchen Arbeitsplätzen wird mit Freude viel geleistet, hier kann sich lediglich eine gesundheitliche Gefährdung durch Selbstausbeutung ergeben); 3. Geringe Anforderungen und zugleich großer Entscheidungsspielraum (hier besteht Unterforderung); 4. Hohe Anforderungen bei gleichzeitig geringem Entscheidungsspielraum (diese Variante bedeutet ein hohes Maß an Stress und ist, wie sich herausstellen sollte gesundheitlich ruinös). Um die Kategorie, zu der ein Arbeitsplatz gehört, feststellen und das Gesundheitsschicksal der Betroffenen erforschen zu können, entwickelte Karasek einen Fragebogen[231]. Arbeit mit hohen Arbeitsanforderungen und wenig Entscheidungsspielraum erwies sich nicht nur als psychisch stark belastend, sondern kann auch die körperliche Gesundheit beeinträchtigen[232]. Hohe Anforderungen und geringer Entscheidungsspielraum am Arbeitsplatz erhöhen das Risiko für Herzerkrankungen und für den Herztod[233]. Gesunde Arbeit gemäß dem Modell von Karasek und Theorell setzt eine Balance zwischen Anforderungen einerseits und ein den Erwerbstätigen zur Verfügung stehenden Entscheidungsspielraum andrerseits voraus.

Das »Job Demands-Resources«-Stressmodell

Mit der an der Universität Eindhoven lehrenden Arbeitspsychologin Evangelia Demerouti[234] gelang dem an der Universität Utrecht tätigen Arbeitspsychologen Wilmar Schaufeli eine entscheidende Weiterentwicklung des Burn-out-Konzepts von Christina Maslach (mit Maslach schrieb Schaufeli zwei lesenswerte Übersichtsarbeiten[235]). Demerouti und Schaufeli stellten fest, dass nur zwei der drei von Christina Maslach identifizierten Burn-out-Komponenten eine eigenständige Rolle spielen, nämlich Emotionale Erschöpfung (»Exhaustion«) und Innere Distanzierung von der Arbeit (»Disengagement«), wobei »Disengagement« identisch ist mit dem von Christina Maslach als »Depersonalisation« bezeichneten Aversions- oder Zynismusfaktor (also Abneigung gegenüber der Arbeit und/oder gegenüber denen, für die man beruflich tätig ist). Demerouti und Schaufeli formulierten das Burn-out-Syndrom also neu als eine *Zweier*kombination von emotionaler Erschöpfung und innerer Abwendung von der Arbeit. Burn-out ist auch hier nicht identisch mit Erschöpfung (auch nicht mit Depression, siehe dazu unten), sondern ist »Erschöpfung plus 1«[236]. Der arbeitsspezifische, zusätzlich zur Erschöpfung geforderte Zusatzfaktor ist der Verlust von Engagement für die bzw. Identifikation mit den beruflichen Aufgaben oder Ablehnung und Zynismus gegenüber den Kunden, für die man tätig ist[237].

Demerouti und Schaufeli erkannten, dass die mit dem Burn-out-Syndrom einhergehende Erschöpfung durch andere Risikofaktoren verursacht wird als die ebenfalls zum Burn-out gehörende innere Distanzierung (Disengagement)[238]. Ursächlich für die Komponente »Erschöpfung«, sind die durch die Arbeit gesetzten »Anforderungen«. Als Ursache für »innere Distanzierung« erwies sich dagegen ein Mangel an »Ressourcen«. Erschöpfung produzierende Anforderungen sind körperliche Anstrengung, Zeitdruck, anstrengende Kundenkontakte, Schichtarbeit und physisch belastende Arbeitsumstände (Lärm, Kälte, Hitze). Anforderungen haben offenbar keinen Einfluss auf die Burnout-Komponente Distanzierung. Zu dieser führt dagegen ein Mangel an Ressourcen: Fehlende Rückmeldungen über die geleistete Arbeit, ausbleibende Anerkennung und Belohnungen, geringe Entscheidungsspielräume, fehlende Mitbestimmung, Arbeitsplatzunsicherheit und mangelnde Unterstützung von Vorgesetzten. Auf die Burn-out-Komponente Erschöpfung hatte ein Mangel an Ressourcen kaum Einfluss.

Um bei Mitarbeitern die Entstehung einer voll ausgeprägten Burn-out-Konstellation zu begünstigen, muss eine Dysbalance gegeben sein, die beides enthält: Ein Übermaß an Anforderungen *und* ein Mangel an Ressourcen. Gesunde Arbeit gemäß dem von Demerouti und Schaufeli entwickelten Modell beachtet, dass Anforderungen Grenzen haben müssen und die Ressourcen, die es Erwerbstätigen ermöglichen, Leistung zu erbringen, gestärkt werden müssen.

Das »Effort-Reward«-Stressmodell

Ein drittes, wissenschaftlich besonders gut validiertes Modell stammt vom Schweizer Soziologen Johannes Siegrist, langjähriger Inhaber des Lehrstuhls für Medizinsoziologie an der Universität Düsseldorf. Er erkannte eine Dysbalance zwischen Verausgabung und Anerkennung am Arbeitsplatz als Ursache für Beeinträchtigungen der Gesundheit. Als Verausgabung (»Effort«) erfasst ein von Siegrist entwickelter Fragebogen[239] das Arbeitsaufkommen, Arbeitsunterbrechungen, Zwang zu Überstunden und körperliche Verausgabung. Als Merkmale von Anerkennung (»Reward«) zählen Gerechtigkeit am Arbeitsplatz, Arbeitsplatzsicherheit, Aufstiegschancen, das Gehalt und persönliche Wertschätzung durch Kollegen und Vorgesetzte.

Johannes Siegrist hat seinen »Effort-Reward-Imbalance« (ERI)-Fragebogen anhand großer Stichproben von sowohl gesunden als auch gesundheitlich beeinträchtigten Erwerbstätigen normiert. So konnte er einen kritischen Grenzwert für eine gesundheitlich relevante Dysbalance zwischen Verausgabung und Anerkennung definieren. Wer sich am Arbeitsplatz – auf der Basis des Fragebogens – als Erwerbstätige/r jenseits dieses Grenzwertes befindet, unterliegt dem, was Siegrist als »Gratifikationskrise« bezeichnet hat. Diese Personen tragen, wie sich dann zeigte, tatsächlich ein erhöhtes Gesundheitsrisiko. Gesunde Arbeit gemäß dem von Siegrist entwickelten Modell setzt eine Balance von Verausgabung einerseits und materieller sowie nicht materieller Anerkennung andererseits voraus.

Der »Realitätstest« der Stressmodelle

Die oben dargestellten Modelle wären wertlos, wenn sie ihren Realitätstest nicht bestanden hätten. Die dargestellten Modelle erfassen, wie erwähnt, Stressmerkmale der Arbeitssituation. Brauchbar sind diese Modelle nur dann, wenn sich zeigen lässt, dass der mit ihnen erfasste Arbeitsstress mit objektivierbaren Gesundheitsstörungen in einer Wechselbeziehung stehen. Wie also stellen sich die Beziehungen zwischen der Situation am Arbeitsplatz und der Gesundheit der Erwerbstätigen dar? Was sagen Untersuchungen, die sich mit der Frage befasst haben, darüber aus, in welchem Umfang an heutigen Arbeitsplätzen – gemäß den oben dargestellten Modellen – Belastungen vorliegen und wie diese mit dem Burnout-Syndrom, mit der Depression und mit Herzerkrankungen im Zusammenhang stehen?

Ergebnisse von Untersuchungen anhand des »Demands-Control«-Stressmodells nach Karasek und Theorell

Arbeitsstress (»Job Strain«) und die daraus resultierenden Gesundheitsrisiken ergeben sich nach dem von Karasek entworfenen Modell aus einer Dysbalance von hohen Anforderungen (übergroße Arbeitsmenge, widersprüchliche Vorgaben und hoher Zeitdruck) *und zugleich* geringen Entscheidungsspielräumen bei der Ausführung der zu leistenden Arbeit. Unter Zugrundelegung dieser Definition von Arbeitsstress fand eine internationale Forschergruppe im Rahmen einer Untersuchung, die in 13 europäischen Ländern nahezu 200 000 Teilnehmer einschloss, dass 15 Prozent aller Beschäftigten unter andauerndem »Arbeitsstress« stehen[240]. Bei Erwerbstätigen, die einen geringeren Sozialstatus[241] oder ein niedrigeres Bildungsniveau[242] haben, finden sich deutlich geringere Entscheidungsspielräume – und damit mehr Stress – als bei den sozial Bessergestellten und besser Ausgebildeten. Unter stärkerem »Arbeitsstress« als andere stehen auch jene Arbeitnehmer/innen, die nur befristet beschäftigt sind[243]. Dass Karaseks Stressmodell ein hoch relevantes Konstrukt darstellt, zeigte sich anhand von Studien, nach denen Menschen mit erhöhtem »Arbeitsstress« einem deutlich erhöhten Risiko unterliegen, an einer Depression zu erkranken[244], ein 1,2- bis 1,9-faches Risiko tragen, an einer koronaren Herzkrankheit zu erkranken und ein über zweifach erhöhtes Risiko tragen, daran auch zu sterben[245]. Insofern hat Karaseks Modell seinen »Realitätstest« bestanden.

Ergebnisse von Untersuchungen anhand des »Effort-Reward«-Modells nach Siegrist

Mindestens ebenso gut wie Robert Karaseks »Demands-Control«-Modell hat sich das von Johannes Siegrist entwickelte Arbeitsstress-Modell bewährt. Arbeitsstress resultiert hier aus einer Dysbalance zwischen »Verausgabung« (»Effort«) durch hohe Verantwortung, Arbeitsintensität, Zeitdruck und widersprüchliche Anforderungen und »Anerkennung« durch finanzielle und nicht materielle Anerkennung, Arbeitsplatzsicherheit, berufliche Entwicklungschancen (»Reward«). Liegt eine ausgeprägte »Effort-Reward«-Imbalance vor, spricht Siegrist von einer »Gratifikationskrise«. Arbeitsstress aufgrund einer »Gratifikationskrise« liegt, wie große Untersuchungen zeigen, in Deutschland bei 9,3 % aller Beschäftigten vor[246].

Ähnlich wie im Falle des Karasek'schen Modells haben, ganz allgemein betrachtet, auch hier Personen mit niederem Sozialstatus[247], mit geringerem Bildungsniveau und Personen, die in nur befristeter Beschäftigung stehen[248], die schlechteren Karten. Arbeiter sind in elf Prozent der Fälle, Angestellte und Beamte zu zehn Prozent, Führungspersonal zu acht Prozent und Selbstständige zu vier Prozent von einer »Gratifikationskrise« betroffen[249]. Die Branchen mit der höchsten Arbeitsintensität (ein wesentlicher Faktor für »Verausgabung«) sind die Landwirtschaft, das Gastgewerbe, das Baugewerbe, der Metall- und Maschinenbau sowie der Fahrzeugbau. Bei näherer Betrachtung zeigt sich jedoch, dass auch qualifizierte Berufe einem beträchtlichen, durch eine »Gratifikationskrise« verursachten Arbeitsstress unterliegen können: Schulische Lehrkräfte und Sozialarbeiter sind zu 26 Prozent, Beschäftigte in Landwirtschaft oder Bergbau zu 20 Prozent, im Gesundheitswesen Tätige zu 17 Prozent betroffen[250].

Die Wirkungen einer »Effort-Reward«-Imbalance auf die Gesundheit sind, wie Untersuchungen zeigten, dramatisch. Personen mit Arbeitsstress aufgrund einer »Gratifikationskrise« zeigen nicht nur messbare Veränderungen ihres Stresshormon- und Immunsystems[251] sowie des Blutdrucks[252]. Auch das Risiko, depressive Symptome zu entwickeln, ist circa fünffach, das Risiko gar an einer schweren Depression zu erkranken, um das mindestens zweifache erhöht[253]. Auch das Herzrisiko ist bei andauerndem Arbeitsstress auf dem Boden einer »Gratifikationskrise« erhöht. Wessen »Effort-Reward«-Balance aus dem Gleichgewicht geraten ist, hat ein bis zu zweifach erhöhtes Risiko, sich eine koronare Herzkrankheit zuzuziehen[254]. Noch höher ist das Risiko, bei bereits vorliegender koronarer Herzkrankheit an einem Herzinfarkt zu sterben: Dieses Risiko wird durch eine anhaltende »Gratifi-kationskrise« um das 2,4-Fache erhöht[255].

Vor dem Hintergrund dieser Zahlen kann es nicht verwundern, dass 57 Prozent der Erwerbstätigen mit einem Ungleichgewicht von Verausgabung und Anerkennung gemäß dem Siegrist-Modell den Wunsch nach einer vorzeitigen Berentung hegen[256]. Dies bedeutet, dass die fast zehn Prozent der Erwerbstätigen unseres Landes, die unter Dauerstress – gemäß den von Johannes Siegrist entwickelten Kriterien – arbeiten, wegen des hier vorhandenen Trends in Richtung Frühberentung auch erhebliche Kosten produzieren. Am Rande angemerkt sei, dass der Anteil derer, die aufgrund einer »Gratifikationskrise« depressiv erkranken, in Sozialstaaten deutlich geringer ist als in politisch eher neoliberal aufgestellten Ländern[257] (siehe dazu auch Kapitel 7). Abschließend kann jedenfalls festgehalten werden, dass auch das »Effort-Reward«-Modell seinen »Realitätstest« bestanden hat.

Ergebnisse von Untersuchungen anhand des »Job Demands-Resources«-Modells nach Schaufeli und Demerouti

Wie bereits erwähnt, entwickelten Evangelia Demerouti und Wilmar Schaufeli das Burn-out-Modell Christina Maslachs weiter, hin zu einem Zwei-Faktoren-Konstrukt mit den beiden Komponenten emotionale Erschöpfung und innere Distanzierung bzw. Disengagement[258]. Demerouti und Schaufeli konnten zeigen, dass sich Erschöpfung dann einstellt, wenn am Arbeitsplatz zu hohe Anforderungen gestellt sind. Zur inneren Distanzierung kommt es dagegen vor allem dann, wenn Erwerbstätige bei den Ressourcen ausgehungert werden. Ein Burn-out-Symdrom ist demnach das Ergebnis von einem Zuviel an Anforderung (mit Erschöpfung als Folge) und einem Zuwenig an Ressourcen (mit Distanzierung als Folge). Wie hoch ist der Anteil derer, die von einem Burn-out-Syndrom betroffen sind, und welchen weiteren gesundheitlichen Risiken unterliegen Burn-out-Betroffene?[259]

Eine in den USA durchgeführte Analyse, bei der mehr als 25 000 Beschäftigte erfasst wurden, ergab, dass über 20 Prozent ein voll ausgeprägtes Burn-out-Syndrom aufwiesen, wobei jedoch die Raten, je nach Untergruppe, starke Schwankungen aufwiesen[260]. Bei knapp 7 000 untersuchten Beschäftigten in verschiedenen asiatischen und osteuropäischen Ländern lag der Anteil von Betroffenen bei 28 Prozent[261]. Auch eine in Finnland an über 3 000 Beschäftigten durchgeführte Untersuchung fand eine Burn-out-Rate von 28 Prozent, allerdings waren hier auch lediglich mittelstark Betroffene erfasst worden[262]. Für Beschäftigte in Deutschland wurden, je nach Branche und Berufen, Burn-out-Raten zwischen fünf Prozent und 15 Prozent ermittelt[263]. Bei niedergelassenen deutschen Ärzten scheint nahezu jeder Zehnte von einem Burn-out-Syndrom betroffen zu sein[264]. Mit 25 Prozent deutlich höher sind die Raten bei deutschen Pflegekräften[265]. Bei 2 400 untersuchten französischen Krankenschwestern auf Intensivstationen hatten über 30 Prozent ein schweres Burn-out-Syndrom[266]. Die meisten Arbeitsunfähigkeitstage wegen Burn-out weisen, einer AOK-Studie zufolge, Sozialpädagogen und Heimleiter auf, gefolgt von Telefonisten in Call-Centern, Sozialarbeitern und Pflegekräften[267]. Auch schulische Lehrkräfte fanden sich unter den zehn Spitzenplätzen in dieser Rangskala.

Was Zahlen über die Verbreitung des Burn-out-Syndroms bei Erwerbstätigen wirklich bedeuten, kann sich erst aus einer

Analyse der weiteren gesundheitlichen Folgen ergeben. Erwerbstätige, welche die Merkmale eines Burn-out-Syndroms aufweisen, tragen ein zwei- bis dreifach erhöhtes Risiko, an einer Depression zu erkranken[268]. Mögliche Folgen eines Burn-out-Syndroms betreffen jedoch nicht nur die Depression. Nachdem eine ältere, bereits Anfang der 90er Jahre durchgeführte Studie eine zweifache Erhöhung des Herzinfarktrisikos berichtet hatte[269], hat eine jüngere Studie diesen Befund bestätigt. Burn-out-Betroffene tragen ein signifikant erhöhtes Risiko für eine koronare Herzerkrankung[270].

Während sich das Herzrisiko vor allem auf Männer zu beschränken scheint, sind von einem erhöhten Risiko für Erkrankungen des Bewegungsapparates (vor allem für chronische Schmerzen) sowohl Männer als auch Frauen betroffen[271]. Burn-out-Betroffene werden nicht nur eher krank, sie sterben auch früher: Eine an über 7 300 Arbeitern durchgeführte prospektive Studie fand bei Personen, die jenseits des 45. Lebensjahres ein Burn-out-Syndrom entwickeln, ein signifikant (auf das 1,3-Fache) erhöhtes Sterberisiko[272]. Damit dürfte auch das »Burn-out-Syndrom« seinen Realitätstest bestanden haben.

Burn-out versus Depression: Unterschiede und Überschneidungen

Psychiatrische Diagnosen beschreiben typische Störungsbilder, die sich idealerweise nach ihren jeweiligen Ursachen, ihren neurobiologischen Korrelaten, ihren Symptomen und nach ihrem Verlauf voneinander unterscheiden lassen. Eine schwere Depression (»Major Depressive Disorder«) liegt vereinbarungsgemäß dann vor, wenn über einen Zeitraum von mindestens zwei Wochen eine depressive Verstimmung oder ein Interesseverlust *und* zusätzlich mindestens vier der folgenden Symptome vorhanden sind: deutlicher Gewichtsverlust oder deutliche Gewichtszunahme, Schlaflosigkeit oder deutlich vermehrter Schlaf, psychomotorische Unruhe oder Verlangsamung (oft tritt beides kombiniert auf), Müdigkeit, ein Gefühl der Wertlosigkeit oder Schuld, vermindertes geistiges Leistungsvermögen und Gedanken an den Tod. Als unterschwellige Depression (»Minor Depression«) werden relevante depressive Symptome bezeichnet, ohne die Kriterien einer schweren Depression voll zu erfüllen. Ein wichtiges Kriterium der Depression, mit dem sie sich von der Trauer unterscheiden lässt, ist der Verlust des Selbstwertgefühls.

Bereits aus der gegebenen Schilderung der Diagnosekriterien für eine Depression wird deutlich, dass es zwischen depressiven Störungsbildern und dem Burn-out-Syndrom zwar Überschneidungen, aber auch deutliche Unterschiede gibt. Im Gegensatz zu den Merkmalen eines Burn-out-Syndroms sind die im Zusammenhang mit einer Depression auftretenden Symptome definitionsgemäß *unabhängig* vom Arbeitskontext.

Aber auch bei den Merkmalen selbst finden sich wesentliche Unterschiede: Schuldgefühle, Selbstwertverlust und Lebensüberdruss sind typische Kennzeichen einer Depression, aber keine typischen Burn-out-Merkmale. Umgekehrt sind Zynismus gegenüber Kunden oder Klienten, eine Abneigung oder eine emotional erlebte innere Distanzierung gegenüber der eigenen Arbeit typische Merkmale eines Burn-out-Syndroms, nicht aber Kennzeichen einer Depression (im Gegenteil, sogar schwer Depressive äußern häufig, sie könnten zum

Beispiel nicht in der Klinik verweilen, denn sie würden am Arbeitsplatz oder in der Familie dringend gebraucht). Was die beiden Störungsbilder jedoch miteinander verbindet, ist das Gefühl der emotionalen Erschöpfung. So kann nicht überraschen, dass Studien, auf die nachfolgend eingegangen werden soll und die den Zusammenhang zwischen Burn-out und Depression gezielt analysiert haben, beides finden: Gemeinsames und Trennendes.

Eine methodisch hervorragend gemachte, an über 3 200 Beschäftigten durchgeführte Untersuchung zeigte, dass Erwerbstätige, die ein schweres, voll ausgeprägtes Burn-out-Syndrom aufweisen, zu 60 Prozent *keine* schwere Depression haben. Bei Beschäftigten mit einem nur mäßig ausgeprägten Burn-out liegt der Anteil derjenigen *ohne* schwere Depression sogar bei 91 Prozent. Umgekehrt zeigte sich allerdings: Immerhin 40 Prozent derjenigen, die ein schweres Burn-out-Syndrom aufwiesen, hatten auch eine schwere Depression[273]. Wie sich der Zusammenhang zwischen Arbeitsstress, Burn-out und Depression darstellt, konnte in weiteren Studien geklärt werden. Dies gelang, indem man an mehreren Tausend Erwerbstätigen den erlebten Arbeitsstress, das Auftreten eines Burn-out-Syndroms und das Auftreten einer Depression untersuchte[274].

Erwerbstätige mit hohem Arbeitsstress (gemäß dem »Demand-Control«-Modell) haben im Vergleich zu Berufstätigen mit nur wenig Stress ein bis zu siebenfach erhöhtes Risiko, ein Burn-out-Syndrom zu entwickeln[275]. Bei Beschäftigten, die ein Burn-out-Syndrom entwickelt haben, ist das Risiko, eine Depression zu entwickeln, mehr als zweifach erhöht[276]. Das Risiko für unter hohem Arbeitsstress stehende Erwerbstätige, ein Burn-out-Syndrom zu entwickeln, war deutlich höher als das, an einer schweren oder unterschwelligen Depression zu erkranken.

Dies bedeutet: *1. Arbeitsstress führt mit hoher Wahrscheinlichkeit ins Burn-out-Syndrom. 2. Ein Burn-out-Syndrom bedeutet nicht notwendigerweise eine Depression (schon gar nicht notwendigerweise eine schwere Depression). 3. Das Burn-out-Syndrom kann (muss aber nicht) eine Durchgangsstation vom Arbeitsstress zur Depression sein.*

Die Depression ist und bleibt eine der folgenreichsten Erkrankungen unserer Industriegesellschaften. Die Weltgesundheitsorganisation WHO geht davon aus, dass depressive Störungen bereits im Jahre 2020 an erster Stelle jener Krankheiten stehen werden, die für vorzeitige Sterblichkeit oder Behinderung (also Arbeitsunfähigkeit) verantwortlich sind[277]. Mehr als acht Prozent der deutschen Bevölkerung sind innerhalb eines Jahres von einer schweren Depression betroffen[278], der Anteil bei Erwerbstätigen beträgt 6,5 Prozent (wobei Arbeitslose ein größeres Risiko, depressiv zu erkranken, haben als Berufstätige). Der Anteil der Berufstätigen, die nicht von einer schweren Depression, sondern von anderen Formen der Depression betroffen sind, liegt zwischen 16 Prozent und 26 Prozent[279].

Depressive Erkrankungen sind ein gewichtiger, erst in den letzten Jahren voll erkannter Risikofaktor für die Entstehung der koronaren Herzerkrankung und für den Herzinfarkt[280]. Depressive Erkrankungen sind kein genetisch determiniertes Schicksal, sondern stehen, wie sich nicht zuletzt auch aus den hier gemachten Ausführungen ersehen ließ, in überaus engem Bezug zu erlebtem Stress.

Unbestreitbar ist die Arbeitswelt, wenn auch nicht die einzige, so doch eine wesentliche Stressquelle. Die Tatsache, dass im Bereich der Erforschung der Zusammenhänge zwischen arbeitsbedingten Belastungen und psychischen Erkrankungen in Deutschland ein Nachholbedarf besteht, lässt sich jedenfalls nicht mit einer undifferenzierten Polemik gegen das seit mehreren Jahrzehnten erforschte Burn-out-Syndrom kompensieren.

Das Burn-out-Syndrom: **Drei typische Merkmale**
Anhaltende emotionale Erschöpfung.
Unüberwindbare, vorher nicht vorhandene emotionale Aversion oder Zynismus gegenüber den Menschen, für die man beruflich tätig ist (Dienstleistungsberufe). Oder: Unüberwindbarer, vorher nicht vorhandener innerer Widerwillen gegenüber der derzeit ausgeübten Arbeit (Nicht-Dienstleistungsberufe).
Effizienzverlust am Arbeitsplatz (weniger Leistung trotz einem Mehr an Arbeit).

Die Depression: **Drei typische Merkmale**
Anhaltender Verlust der allgemeinen Lebensfreude, der Motivation und des Antriebs.
Anhaltender allgemeiner Verlust des Selbstwertgefühls mit Selbstvorwürfen oder Schuldgefühlen.
Selbsttötungsgedanken.

Unternehmerische Prophylaxe gegenüber Burn-out: Auf sechs Bereiche achten (nach Maslach u. Koll., 2001):
Arbeitsmenge (»Workload«): Keine Auslastung, die Erholung unmöglich macht; Anpassung zwischen Aufgabe und den Fähigkeiten des/der Beschäftigten; persönlicher Umgang mit Kunden/Klienten/Patienten bedeutet anstrengende emotionale Arbeit.
Gestaltungsmöglichkeiten und Spielraum (»Control«): Möglichkeit, seine Arbeit in einer Art und Weise zu leisten, die er/sie selbst für die beste hält; Einflussmöglichkeit auf das Arbeitstempo; keine zu einengenden Detailvorschriften.
Anerkennung (»Reward«): Angemessenheit der finanziellen Entlohnung; soziale Anerkennung durch Vorgesetzte und Kollegen via Rückmeldungen zur geleisteten Arbeit.
Arbeitsklima und Kollegialität (»Community«): Gute kollegiale Beziehungen; angemessene Möglichkeiten zum Austausch/Gespräch; guter Umgang mit Konflikten.
Gerechtigkeit (»Fairness«): Gerechte Verteilung der Arbeit; gleicher Lohn und gleiche Wertschätzung für gleiche Arbeit; keine Intrigen; keine Bevorzugung Einzelner.
Beachtung von Werten (»Values«): Moralische Vertretbarkeit der zu leistenden Arbeit; ethische Vertretbarkeit der Produktionsweisen und der Produkte; keine Nötigung gegenüber Beschäftigten, Kunden/Klienten zu täuschen oder zu übervorteilen.

5

Von der industriellen Arbeitswelt zur »Kultur des neuen Kapitalismus«

Um der Gefahr aufgeregter Übertreibungen der heutigen Probleme, aber auch unangemessener Beschönigungen unserer derzeitigen Situation zu widerstehen, kann es hilfreich sein, einen Blick auf die historische Entwicklung zu werfen. Tatsächlich kann ein solcher Blick zweierlei Eindrücke hervorrufen.

Einerseits kann, wer die heutige Situation an den Arbeitsplätzen im Kontrast zu den Verhältnissen des 19. Jahrhunderts und der ersten Hälfte des 20. Jahrhunderts betrachtet, leicht zu dem Schluss kommen, dass wir keinen Grund zum Klagen hätten, allenfalls Grund zur Dankbarkeit dafür, was viele Generationen erkämpfen mussten, um jenen sozialen Standard zu erreichen, den wir derzeit haben. Andererseits wird bei einer Betrachtung der Entwicklung der letzten zwanzig Jahre deutlich, dass die erreichten Standards in vielen Teilen der Arbeitswelt dabei sind, zu erodieren. Vor diesem Hintergrund erscheint es mir im Interesse einer abgewogenen Einschätzung lohnend, die Entwicklung der Arbeitswelt innerhalb der letzten etwa 200 Jahre kurz im Zusammenhang Revue passieren zu lassen.

Abschied vom Agrarstaat

Die Industrialisierung in Deutschland begann im ersten Drittel des 19. Jahrhunderts. Es sind also gerade einmal etwa 200 Jahre her, evolutionär gesehen ein Wimpernschlag, als der Abschied vom Agrarland begann, das Deutschland über viele Jahrhunderte hinweg gewesen war. Etwa 90 Prozent der deutschen Bevölkerung lebten vor 250 Jahren noch auf dem Lande. Damals entsprach das nicht unserer heutigen Vorstellung vom schönen Landleben. Bis zur Aufhebung der Leibeigenschaft Anfang des 19. Jahrhunderts[281] waren viele Bauern Leibeigene ihrer adligen Herren. Rund 21 Millionen Menschen beherbergte im Jahre 1780 der Flickenteppich der deutschen Kleinstaaten, im Jahre 1850 waren es etwa 35 Millionen, und im Jahre 1910 etwa 64 Millionen Menschen. Technische Errungenschaften[282], der enorme Bevölkerungszuwachs und die – nach Aufhebung der Leibeigenschaft – plötzlich gegebene Mobilität waren wesentliche Katalysatoren der »industriellen Revolution«, die in der ersten Hälfte des 19. Jahrhunderts einsetzte und um 1870 herum abgeschlossen war.

Textilindustrie, Bergbau, Eisen und Stahl als Schlüsselindustrien

Die Arbeitsbedingungen des 19. Jahrhunderts waren für einfache Erwerbstätige verheerend. Eine der wichtigsten Branchen in der Vorläufer- und Frühphase der industriellen Revolution war die Textilherstellung, die zunächst im häuslichen Umfeld der Arbeiterinnen und Arbeiter angesiedelt war. Produkte, die von Hunderttausenden von Weberinnen und

Webern an häuslichen Webstühlen hergestellt wurden, wurden von den gleichen Unternehmern, die ihnen Rohstoffe und Werkzeuge bereitstellten, wieder vermarktet – ein als »Verlagswesen« in die Geschichte eingegangenes Produktionssystem. Im Heimgewerbe der Textilindustrie waren um das Jahr 1800 herum in Deutschland etwa eine Million Menschen beschäftigt. In den darauf folgenden Jahrzehnten machten dann aber Spinnereifabriken mit mechanischen, maschinengetriebenen Webstühlen der Heimarbeit Konkurrenz. Die 1844 in Schlesien ausgebrochenen Weberaufstände waren nicht die einzige Revolte in dieser Branche. Sie waren ausgebrochen, nachdem die Auftraggeber die ohnehin niederen Stücklöhne weiter reduziert hatten. Die Aufstände wurden gewaltsam niedergeschlagen.

Zu Schlüsselindustrien der industriellen Revolution in Deutschland wurden der Steinkohlebergbau, die Eisen- und Stahlindustrie, der Werkzeug- und Maschinenbau und der Eisenbahnbau. Der Einsatz von Dampfmaschinen, mit denen das Grundwasser kontinuierlich abgepumpt werden konnte, ermöglichte in der ersten Hälfte des 19. Jahrhunderts einen immer tiefer gehenden Bergbau in Schlesien und im damals zu Preußen gehörenden Rheinland.

Kohle war die Voraussetzung für den Betrieb von Eisen- und Stahlwerken. Um das Jahr 1850 produzierten an Rhein und Ruhr etwa 14 000 Arbeiter über 200 000 Tonnen Roheisen. Die rheinische Stahlproduktion expandierte von 1850 mit 20 000 Arbeitern, die damals über 200 000 Tonnen Stahl produzierten, auf 1,6 Millionen Tonnen im Jahre 1873 mit dann fast 100 000 Arbeitern. Die Schwerindustrie wiederum war es, die den rasanten Ausbau des Eisenbahnwesens ermöglichte. Um das Jahr 1850 herum betrug die Länge des deutschen Streckennetzes rund 7 000 Kilometer, im Jahr 1870 bereits etwa 25 000 Kilometer und um das Jahr 1900 herum rund 50 000 Streckenkilometer, Hunderttausende von Arbeitern fanden im Bau und Unterhalt des Eisenbahnwesens Arbeit. In der zweiten Hälfte des 19. Jahrhunderts ergänzte die chemische Industrie und ab der Wende zum 20. Jahrhundert schließlich auch die Automobilindustrie den deutschen Industriepark.

Die Lebensverhältnisse arbeitender Menschen im 19. und frühen 20. Jahrhundert

Die Lebensverhältnisse der neu entstandenen, bereits Mitte des 19. Jahrhunderts viele Hunderttausende umfassenden und wenig später in die Millionen gehenden Arbeiterschaft waren miserabel. In den Städten lebten vielköpfige Familien in Ein-Zimmer-Wohnungen mit Etagenklo, die Löhne deckten kaum das Existenzminimum. Frauen arbeiteten, verdienten aber nur die Hälfte dessen, was Männer ausbezahlt bekamen.

In ganz Deutschland verbreitet war zudem die Kinderarbeit. Dass ein Erlass, der 1839 in Preußen die Arbeit für Kinder unter neun Jahren verbot, als Fortschritt angesehen wurde, verdeutlicht die seinerzeitigen Standards. Tägliche Arbeitszeiten zwischen zwölf und 16 Stunden sowie Wochenarbeitszeiten von bis zu über 80 Stunden waren bis ins späte 19. Jahrhundert hinein die Norm. Wiederholte, überwiegend durch Missernten verursachte Agrarkrisen in der ersten Hälfte des 19. Jahrhunderts verursachten Hungersnöte. Eine schwere Agrarkrise 1846/1847 war einer der Auslöser für die als Deutsche Revolution in die Geschichte eingegangenen Aufstände von 1848/1849. Konjunkturkrisen – zwischen 1857 und 1859 kam es zur ersten Weltwirtschaftskrise der Neuzeit – führten jeweils zu vermehrter Arbeitslosigkeit und verschärften die Not.

Die Folge unter den einfachen Erwerbstätigen des 19. Jahrhunderts waren Auswanderung in Millionenstärke, Aufstände, Streiks und eine immer mächtiger werdende Arbeiterbewegung. Die von Adel, Bürger- und Unternehmertum gestellten Regierungen der deutschen Länder reagierten ausschließlich mit militärischer und polizeilicher Härte. Später wurde – unter dem Einfluss Bismarcks – eine Doppelstrategie aus Repression und sozialpolitischen Minimalmaßnahmen eingeschlagen. Einerseits versuchte Preußen, mit den 1878 erlassenen Sozialistengesetzen die Arbeiterbewegung zu stoppen. Andrerseits wurde im Deutschen Reich 1883 erstmals eine allgemeine Krankenversicherung, 1884 eine Unfallversicherung und wenig später die Rentenversicherung eingeführt. Letztere betraf damals nur die wenigen Menschen, die das Rentenalter tatsächlich erreichten[283]. Erst ab etwa 1870 begann sich die Situation der einfachen Erwerbstätigen – vor allem unter dem Druck der Arbeiterbewegungen – etwas zu bessern. Die täglichen bzw. wöchentlichen Arbeitszeiten wurden zurückgeführt, Anfang des 20. Jahrhunderts betrugen die wöchentliche Arbeitszeit etwa 55 Stunden. Erst der Zusammenbruch des Kaiserreichs am Ende des verlorenen Ersten Weltkrieges ermöglichte den Übergang Deutschlands in eine erste, wenn auch instabile und nur kurz während demokratische Phase.

Der Mensch als Maschine: Entfremdung und Taylorismus

Die Not arbeitender Menschen im 19. Jahrhundert hatte nicht nur einen *quantitativen*, materiellen Aspekt. Nicht weniger quälend war ein sich aus der Arbeit ergebender *qualitativer* Umstand. Er war nicht nur an den damaligen Arbeitsplätzen gegeben, sondern spielt auch heute noch überall dort eine Rolle, wo Maschinen, industrielle Anlagen oder technische Einrichtungen den Mittelpunkt des Arbeitsplatzes bilden. Die Laufzeiten und der Rhythmus von Maschinen oder technischen Einrichtungen bestimmten zugleich die Arbeitszeiten und den Rhythmus der an ihnen beschäftigten Menschen.

Zudem hat die mit der Automatisierung einhergehende Arbeitsteilung, das Herunterbrechen des Herstellungsprozesses in einzelne Arbeitsschritte zur Folge, dass Erwerbstätige monotone, sich wiederholende und für sich allein betrachtet oft sinnlos anmutende Tätigkeiten zu verrichten haben. Maschinen können Tag und Nacht laufen, was sie wirtschaftlich und rentabel macht. Dem hatten – und haben – sich die Arbeitszeiten von Arbeiterinnen und Arbeitern anzupassen. Nacht- und Schichtarbeit sind die notwendigen Folgen. Arbeitsteilung und Anpassung des Menschen an die Maschine sind Merkmale der Arbeit, die Karl Marx von »entfremdeter Arbeit« oder »Entfremdung« sprechen ließen[284]. Das Problem der Entfremdung am Arbeitsplatz hat bis heute nicht aufgehört, aktuell zu sein.

Dass arbeitende Menschen sich seit dem Beginn der Industrialisierung der Maschine oder anderen technischen Einrichtungen anzupassen hatten (anstatt umgekehrt), war nicht nur ein in Kauf genommener Umstand, sondern wurde zeitweise zu einem offiziellen Programm, welches bis heute mit dem Namen des US-amerikanischen Ingenieurs Frederick Winslow Taylor (1856–1915)[285] verbunden ist.

Der »Taylorismus« war der »wissenschaftliche« Versuch, Menschen am Arbeitsplatz wie Maschinen einzusetzen (Taylor selbst verstand sein Konzept als »Scientific Management«). Arbeitsabläufe wurden so durchgeplant, dass sie von Arbeiterinnen und Arbeitern in einer genau vorgeschriebenen Weise und einer exakt bemessenen Zeitspanne durchzuführen waren. Taylors Vorstellung war der »one best way«, was bedeutete, dass den Erwerbstätigen – unter dem Aspekt der Rationalisierung – bis in die einzelnen Bewegungsfolgen hinein vorgeschrieben wurde, wie und in welcher Zeit sie ihre Arbeit zu verrichten hatten. Wie viele Sekunden Arbeitnehmern für einzelne Arbeitsschritte zur Verfügung standen, wurde mit der Stoppuhr zunächst ermittelt und dann entsprechend kontrolliert. Taylors Ideen bildeten in Deutschland später die Grundlage für die Arbeit des 1924 gegründeten Reichsausschusses für Arbeitszeitermittlung (REFA).

Der »Taylorismus« verschärfte nicht nur die Zerlegung der Arbeitsaufgaben und die dadurch erzeugte Monotonie der Arbeit. Die mit diesem System verbundenen detaillierten Zeit- und sonstigen Zielvorgaben erhöhten auch den Arbeitsdruck. Erwerbstätige wurden zu mechanischen Apparaten gemacht, die auf der Grundlage der ihnen gegebenen Anweisungen gleichsam wie Roboter programmiert waren und dementsprechend zu funktionieren hatten. In welchem Gesamtzusammenhang die eigene Arbeit stand, hatte für Erwerbstätige keine Rolle mehr zu spielen, der Verstand konnte sozusagen bei Arbeitsantritt im Spind oder an der Garderobe abgelegt werden. Hinzu kam, dass das Taylor-System die Erwerbstätigen voneinander isolierte. Kommunikation war per definitionem ein Störfaktor der Arbeit.

Vor dem Hintergrund der in Kapitel 2 geschilderten neurobiologischen und psychologischen Voraussetzungen war Taylors Strategie ein Beispiel, welchen autistischen Irrsinn scheinbar »rationale« Vorgehensweisen hervorbringen, wenn vitale Bedürfnisse des Menschen außer Acht gelassen werden. Daher kann nicht verwundern, dass es da, wo das Taylor-System eingesetzt wurde, vermehrt zu Revolten, Streiks und Aufständen kam. Schließlich hat sich in den USA gar ein Untersuchungsausschuss des Kongresses mit Taylors Methoden beschäftigt, woraufhin der Einsatz von Stoppuhren in den USA 1916 verboten wurde, allerdings nur für staatliche Fabriken.

Frederick Taylors Ideen waren der Ausgangspunkt der modernen Arbeitspsychologie, die damals aber noch nicht diesen Namen trug. Die Bezeichnung für dieses Fachgebiet lautete in Deutschland bis in die frühen 30er-Jahre des letzten Jahrhunderts hinein »Psychotechnik«[286]. Deren wichtigste akademische Vertreter waren die Psychologieprofessoren Hugo Münsterberg (1863–1916) und William Stern (1871 bis 1938). Den Ideen Taylors folgend, sah die »Psychotechnik« ihre Aufgabe vor allem darin, für Unternehmen und deren Arbeitsplätze durch entsprechende Tests die am besten geeigneten Arbeiterinnen und Arbeiter zu finden. Nicht alles daran war schlecht, denn Straßenbahnschaffner, Lokführer oder Telefonistinnen zum Beispiel sollten, ebenso wie Beschäftigte an potenziell gefährlichen Maschinen, natürlich über körperliche und geistige Voraussetzungen verfügen, die sicherstellen, dass sie ihren Dienst verrichten können, ohne dabei sich selbst noch andere in Gefahr zu bringen. Doch waren Motive wie diese nicht das alleinige Anliegen der »Psychotechnik«. »Im Gebiet des Wirtschaftslebens lehrt der Psychotechniker den Industriellen lediglich, wie er mit psychologischen Hilfsmitteln vorgehen soll, um etwa tüchtige Arbeiter auszuwählen«, so Hugo Münsterberg, der kurz an der Universität in Freiburg im Breisgau tätig war, später aber an die Harvard-Universität wechselte[287]. Nachdem einzelne Vertreter der Psychotechnik[288] in Aufsätzen Hinweise gegeben hatten, wie man unliebsame Mitarbeiter loswerden konnte, kam die »Psychotechnik« Ende der 20er-Jahre des letzten Jahrhunderts als »Psycho-Schuftik« in Verruf[289].

Nach 1945: Sozialstaat und Sozialpartnerschaft

Der oben gegebene kurze Abriss der Industrialisierung Deutschlands sollte die ungeheuren Dimensionen nachzeichnen, in denen sich eine 150-jährige Leidenszeit und eine ebenso lange Zeit des Kampfes der Arbeiterschaft um Würde, Gesundheit und soziale Gerechtigkeit bewegte (immer wieder vergessen wird, dass diese drei Größen zusammenhängen). Dieses Buch, welches der Gesundheit am Arbeitsplatz gewidmet ist, ist selbstverständlich aber nicht der Ort, die Geschichte der Kämpfe der sozialdemokratischen, sozialistischen und kommunistischen Bewegung zu erzählen, noch auf die Verbrechen des Nationalsozialismus einzugehen. Auch die Geschichte der Arbeit in der ehemaligen DDR wird in diesem Buch nicht thematisiert werden.

Das im Westen unseres Landes nach dem Zweiten Weltkrieg verfolgte Konzept der sozialen Marktwirtschaft hat die

Arbeitswelt tief greifend verändert. Gewerkschaften und Sozialdemokratie nutzten die ihnen in der neuen demokratischen Ordnung gebotenen Chancen und setzten – in einem über mehrere Jahrzehnte gehenden zähen politischen Ringen – Verbesserungen durch, welche für die große Mehrheit der Erwerbstätigen in den Jahren nach dem Ersten Weltkrieg, und erst recht davor, undenkbar gewesen wären.

Der Bonner Bundesrepublik gelang es, eine Herausforderung zu meistern, an der die Weimarer Republik gescheitert war. Was die Weimarer Republik ruiniert und dem Faschismus den Boden bereitet hatte, war – verkürzt ausgedrückt – der fehlende Wille und die Unfähigkeit, den Konflikt zwischen Arbeit und Kapital durch eine entsprechende politische und gesellschaftliche Ordnung zu entschärfen. Eine solche Ordnung hätte sich aus für beide Seiten akzeptablen Kompromissen ergeben müssen, wie sie dann nach dem Zweiten Weltkrieg erst die soziale Marktwirtschaft vorsah. Zu den arbeitspolitischen Errungenschaften im bundesrepublikanischen Westen zählten die Tariffreiheit und freie Gewerkschaften (wodurch eine massive Verbesserung der allgemeinen Lohnsituation ermöglicht wurde), Verbesserungen des Arbeitsschutzes, die Einführung von 8-Stunden-Tag und 5-Tage-Woche sowie ein wirkungsvoller Schutz bei Krankheit und Arbeitslosigkeit. Mindestens ebenso bedeutsam wie diese Fortschritte war die politische Durchsetzung von Mitbestimmungsrechten der Arbeitnehmerschaft in den Betrieben.

Die 80er-Jahre und danach:
»Die Kultur des neuen Kapitalismus« (Richard Sennett)

Der US-amerikanische, in London lehrende Soziologe Richard
Sennett hat überdauernde Merkmale der Arbeitswelt beschrieben, die sich, so seine Perspektive, seit den Zeiten
Bismarcks bis in die 80er-Jahre des letzten Jahrhunderts gehalten hätten[290]. Sennett vertritt die Auffassung, dass das Verschwinden dieser Merkmale mit Beginn der 80er-Jahre zu
einer grundlegenden Veränderung unserer Arbeitswelt geführt
habe. Was Sennett seither verschwinden sieht, sind Strukturen, deren Aufbau mit Bismarcks Kranken- und Rentenversi-
cherungsgesetzen ihren Anfang nahmen, und deren Entwicklung mit der sozialliberalen Reformpolitik der 70er-Jahre zu
einem gewissen Abschluss kam. Es sind die Strukturen einer
geordneten Arbeitswelt, die Sennett als »stahlhartes Ge-
häuse« bezeichnet. Betriebe seien, von schweren Krisen abgesehen, bis in die 80er-Jahre hinein für viele Erwerbstätige relativ verlässliche Orte gewesen, die, um es in der zugespitzten
Sprache Sennetts zu formulieren, sowohl eine Art »Gefängnis« als auch ein »Zuhause« gewesen seien. Disziplin, Gehor-
sam und Pflichterfüllung seien mit Sicherheiten und einem
beachtlichen Maß an Fürsorge belohnt worden. Sennett sieht
sich bei dieser Sichtweise unter anderem durch den National-
ökonomen Max Weber (1864–1920) bestätigt, der angemerkt
habe, »dass die Institutionen der Wirtschaft ... die soziale
Struktur der Armee nachahmten, um soziale Integration und
Folgebereitschaft gegenüber Autorität zu sichern«[291].
   Sennett weist darauf hin, dass seit den 80er-Jahren massive Veränderungen der Arbeitswelt begonnen hätten, deren
Kennzeichen die Beseitigung einer formierten und sozial

geordneten Arbeitswelt sei. Die alte Ordnung weiche einer neuen Welt, die Sennett als »Kultur des neuen Kapitalismus« bezeichnet. Mit ihr verschwinde nicht nur die bisher gegebene strukturelle Stabilität von Unternehmen. Auch die Arbeit verändere sich fundamental, sie verschwinde als Identitätsquelle und Garant eines lebensgeschichtlichen Sinnzusammenhangs. Als Ursachen dieses Wandels sieht Sennett die veränderten Beziehungen zwischen Finanzsystem und Realwirtschaft. Fundament der »alten«, bis in die 80er-Jahre hinein bestehenden Arbeitswelt sei die Stabilität ihrer äußeren und innerbetrieblichen Strukturen gewesen. Arbeit gebende Firmen seien auf eine lange Lebensdauer ausgerichtet gewesen. Die Arbeitszeiten waren geregelt, die Lohntarife waren mittelfristig berechenbar. Loyalitäten und Bindungen zwischen Arbeit gebendem Unternehmen und Arbeitnehmern beruhten weitgehend auf Gegenseitigkeit. Das Erfahrungswissen derer, die lange im Betrieb waren, wurde geschätzt. Arbeits- und Privatleben waren weitgehend getrennte Bereiche. Dies alles habe sich dann aber fundamental geändert.

Im traditionellen, bis etwa 1980 gültigen System sei, wie Sennett meint, die Arbeit für die meisten Erwerbstätigen ein Identität stiftendes, Selbstwert vermittelndes und einen lebensgeschichtlichen Sinnzusammenhang bildendes Element gewesen. Die Beziehung des Einzelnen zur Arbeit sei für die Mehrheit der Beschäftigten von einer »handwerklichen Einstellung« geprägt gewesen, was bedeutet habe, dass man die Arbeit um ihrer selbst willen »gut« machen wollte. Das sich daraus ergebende Erfahrungswissen der Beschäftigten sei aus Arbeitgebersicht als Ressource betrachtet und geschätzt gewesen. Der Arbeitsplatz sei der Ort für relativ dauerhafte kollegiale Beziehungen und soziale Kontakte gewesen. Vor allem aber habe die Arbeit eine vorhersehbare Lebensplanung möglich gemacht.

Entscheidend für die seinerzeitige Stabilität sei die – im Vergleich zu heute – völlig andere Rolle gewesen, die Kapitalanleger in der damaligen Zeit gespielt hätten. Investiertes Kapital sei vonseiten der Investoren überwiegend langfristig angelegtes Geld gewesen, das sich vor allem über die Ausschüttung einer Dividende rentieren sollte. Dies habe bedeutet, dass die äußere und innere Stabilität von Unternehmen aus Sicht der Investoren sinnvoll und erwünscht war.

Der fundamentale Wandel der Arbeitswelt seit den 80er-Jahren des letzten Jahrhunderts sei, so Richard Sennett, die Folge der Unterordnung der Realwirtschaft unter die Mechanismen des Finanzkapitalismus[292]. Nach dem Zusammenbruch des Weltwährungssystems von Bretton Woods[293] in den 70er-Jahren seien weltweit gewaltige Mengen an Kapital sozusagen auf globale Wanderschaft gegangen. Investoren hätten begonnen, weltweit nach Anlagemöglichkeiten zu suchen, mit denen sich Kapital *schnell* vermehren ließ. Traditionelle Renditen in gut arbeitenden Unternehmen der Realwirtschaft zu erwirtschaften – wie es im »alten« System üblich war – seien für Investoren im »neuen Kapitalismus« kein befriedigendes Ziel mehr gewesen. Für langfristige Strategien sei das global flottierende Kapital heute, so Sennett, zu »ungeduldig«. Ziel sei es seitdem, nach einer Investition in ein Unternehmen zügig dessen Aktienkurse (den »shareholder value«) hochzutreiben, um mit diesen Kursgewinnen das investierte Kapital zu vermehren (und sich dann eventuell als Investor wieder zu verabschieden). Um den Aktienkurs eines Unternehmens hochzutreiben, würden Unternehmen von ihren Investoren gezwungen, gegenüber den Finanzmärkten ein, so Sennett,

»Schaulaufen« zu veranstalten, was bedeute, im Unternehmen massive Strukturveränderungen und Personaleinsparungen durchzusetzen, unabhängig davon, ob dies unternehmerisch tatsächlich sinnvoll sei oder nicht. Selbst wenn sie dem Unternehmen schaden – was, so Sennett, in zahlreichen Fällen tatsächlich geschehen sei –, vermittelten derartige Maßnahmen den Finanzmärkten einen guten Eindruck, worauf passiere, was beabsichtigt ist: der Kurs des Unternehmens steige.

Instabilität als Dauerzustand: Folgen der »Kultur des neuen Kapitalismus«

Die von Richard Sennett geschilderten Mechanismen der seit 1980 entfesselten Finanzmärkte erklären in überaus überzeugender Weise einen seit drei Jahrzehnten laufenden und vermutlich noch lange nicht abgeschlossenen Prozess der systematischen Destabilisierung äußerer und innerer Unternehmensstrukturen. In vielen Firmen werden die vom Management gefällten Entscheidungen weniger vom mittel- und langfristigen Wohl der Firma selbst geleitet, sondern sind Teil des erwähnten »Schaulaufens« vor potenziellen Investoren[294]. Um die Attraktivität eines Unternehmens als Investitionsobjekt zu erhöhen und damit den Aktienkurs in die Höhe zu treiben, müssen die äußeren und inneren Unternehmensstrukturen permanent durchgerüttelt werden. Restrukturierungen und die Entlassung von Mitarbeitern werden nach dieser Logik zu einem Selbstzweck. Langfristig im Unternehmen tätige, sozial abgesicherte Mitarbeiter mit hohem Erfahrungswissen können hier nur stören[295]. Unter solchen Vorzeichen werde die fortwährende Destabilisierung zu einem

Qualitätsmerkmal guter Unternehmensführung. Der permanente Umbau von Unternehmen sei, so Sennett, zu einer Mode geworden und habe nicht nur die Privatwirtschaft, sondern inzwischen auch den öffentlichen Sektor infiziert, wo man schließlich nicht als rückständig erscheinen wolle.

Die von Richard Sennett dargestellten Veränderungen in der Beziehung zwischen Finanz- und Realwirtschaft können – zumindest teilweise – eine Reihe von Problemen im Beschäftigungsbereich erklären, die in den letzten Jahren zu einer massiven Verschlechterung der Arbeitsbedingungen vieler Menschen geführt haben. Um sich die Möglichkeiten für künftige Umbauprozesse zu erhalten, werden feste Dauerbeschäftigungen zunehmend durch befristete Verträge, Teilzeittätigkeiten oder Zeit- und Leiharbeit abgelöst. Der Anteil derer, die nicht nach Tarifen entlohnt werden, steigt seit Jahren. Arbeitsplatzunsicherheit wurde und wird zu einem Dauermerkmal moderner Arbeit. Die sozialen Sicherungssysteme erodieren, Deregulierung hat an allen Fronten Vorrang, obwohl eine solche Politik – wie sich inzwischen deutlich zeigt – künftige Armut (vor allem im Alter) programmiert.

Doch nicht nur die *Rahmenbedingungen* der Arbeit (wie verminderte Beschäftigungssicherheit oder Tarifabsicherung) haben sich verändert, mindestens ebenso dramatisch sind die Veränderungen, welche die *Arbeit selbst* betreffen. Hier addieren sich Effekte, die aus der von Sennett beschriebenen Tendenz zur permanenten Umstrukturierung von Unternehmen resultieren, mit den neuen Technologien, die am Arbeitsplatz Einzug gehalten haben. Kurzlebigkeit und Beschleunigung, Fragmentierung der Arbeitsvollzüge und Multitasking wurden und werden zunehmend die Kennzeichen moderner Arbeitsplätze.

Während die Nachfrage nach qualitativ gut gemachter, auf Kenntnissen und Erfahrung basierender Arbeit (und nach entsprechend qualifizierten Arbeitnehmern) seit Jahren zurückgeht, kommt es für Erwerbstätige inzwischen eher darauf an, schnell in der Lage zu sein, mit Anforderungen, die oft wenig Qualifikation erfordern oder nicht einmal eindeutig definiert sind, »irgendwie« zurechtzukommen (eine Tatsache, die inzwischen jeder Verbraucher aufgrund täglicher Erfahrungen mit Kundendiensten bestätigen kann).

Aufgrund der geschilderten Veränderungen unterliegen auch die Arbeitsbiografien von Erwerbstätigen so wie die Arbeit selbst einer zunehmenden Fragmentierung. Die Vorstellung, eine bestimmte berufliche Qualifikation zu erlernen, sich mit der ausgeübten Arbeit zu identifizieren und seine beruflichen Fähigkeiten lebenslang zu erweitern und zu verbessern, wird zunehmend zu einer absurden, wirklichkeitsfremden Idee. Berufe werden zunehmend durch das abgelöst, was Sennett als »McJobs« bezeichnet. Aus dem, was einst eine Berufsbiografie war, wird so eine Abfolge kurzer, sich jeweils nur über einen sehr begrenzten Zeitraum erstreckender Engagements mit jeweils kurzer Anlernzeit.

Dieser »Triumph der Oberflächlichkeit« betreffe nicht nur die Abfolge kurzlebiger beruflicher Engagements, sondern beeinträchtige auch die Möglichkeiten, sich am Arbeitsplatz durch kollegiale Bindungen und soziale Zugehörigkeit zu verorten. Reale persönliche Beziehungen am Arbeitsplatz würden oberflächlicher oder fielen weg. Aus neurobiologischer und medizinischer Sicht bedeuten derartige Veränderungen, dass weder die Motivations- noch die Empathiesysteme des einzelnen Erwerbstätigen Anknüpfungspunkte finden. Erwerbstätige schalten unter solchen Bedingungen sozusagen auf eine Art ADHS-Modus des Arbeitens um[296].

Droht die »Müdigkeitsgesellschaft«?

Die seit den 80er-Jahren eingetretenen Veränderungen bleiben nicht ohne Auswirkungen auf die Gesundheit der Beschäftigten. Immer mehr Beschäftigte stehen unter dem Eindruck andauernder Arbeitsplatzunsicherheit. Menschen, die Angst um ihren Arbeitsplatz haben müssen, unterliegen erhöhten Gesundheitsrisiken. Wer drohende Arbeitslosigkeit fürchtet und das ängstigende Gespenst der eigenen Nutzlosigkeit vor Augen hat, ist bereit, Opfer zu bringen, auch solche, die auf Dauer mit Einbußen bei der seelischen oder körperlichen Gesundheit bezahlt werden müssen: Arbeiten unter hohem Zeit- und Leistungsdruck, hohe berufliche Mobilität einschließlich Pendlertum, unbezahlte Überstunden, Entsolidarisierung und Vereinzelung am Arbeitsplatz, permanente Erreichbarkeit auch außerhalb der Dienstzeit, eine ernsthaft bedrohte oder bereits verloren gegangene Trennung von beruflicher und privater Sphäre, die Vernachlässigung der körperlichen und seelischen Regenerationsbedürfnisse und eine allgemeine Verarmung des Privatlebens.

Ein markantes Phänomen der »Kultur des neuen Kapitalismus«, von dem wichtige Auswirkungen auf die Gesundheit ausgehen, ist eine bei vielen Menschen wahrnehmbare – und kürzlich auch vom Philosophen Byung-Chul Han beschriebene[297] – Haltung fast unbegrenzter Verausgabungs- und Leistungsbereitschaft. Mit dieser Haltung geht eine Unfähigkeit einher, den Raubbau, der durch die geschilderten neuen Arbeitsverhältnisse an der eigenen Gesundheit verursacht wird, rechtzeitig zu spüren und wahrzunehmen. Stattdessen gehen viele Beschäftigte zunehmend dazu über, sich mit den überspannten Ansprüchen ihrer Arbeitgeber nach Leistung und Verfügbarkeit zu identifizieren, so lange bis sie im Burn-out enden. Byung-Chul Han verglich diese Situation mit einem Zusammenbruch des (psychischen) Immunsystems, also mit einer (psychischen) Unfähigkeit, zu erkennen und abzuwehren, was dem eigenen Organismus nicht guttut. Anstrengungen und besondere Leistungen, die Beschäftigten am Arbeitsplatz früher als Anordnung oder Zwang abgefordert werden mussten, würden von vielen Beschäftigten heute aus einer verinnerlichten Haltung endloser Leistungsbereitschaft von selbst erbracht. Der Organismus vieler Berufstätiger sei, so Han, zu einer Maschine geworden, die nicht mehr innehalten könne.

Die »Disziplinargesellschaft« früherer Zeiten, in der Verbote und Gebote ausgesprochen worden seien, sei, so Byung-Chul Han, von einer totalen Leistungsgesellschaft abgelöst worden. Die Disziplinargesellschaft habe »Verrückte und Verbrecher« erzeugt, »die Leistungsgesellschaft bringt dagegen Depressive und Versager hervor«. Der von Burn-out oder Depression betroffene Mensch sei »jenes *animal laborans*[298], das sich selbst ausbeutet, und zwar freiwillig, ohne Fremdzwänge«. Er sei »Täter und Opfer zugleich«. »Die Klage des depressiven Individuums *Nichts ist möglich*«, so Han weiter, »ist nur in einer Gesellschaft möglich, die glaubt *Nichts ist unmöglich*. Nicht-mehr-Können führt zu einem destruktiven Selbstvorwurf und zur Autoaggression«. »Das Leistungssubjekt«, so Han, »befindet sich mit sich selbst im Krieg. Der Depressive ist der Invalide dieses internalisierten Krieges.«

Diese Sätze sind nicht weniger als eine hellsichtige Analyse der Psychodynamik, die viele Erwerbstätige zunächst in das Burn-out und von dort dann weiter in die Depression führt. Byung-Chul Hans Analyse deckt sich mit den Erkenntnissen aus Psychologie und Hirnforschung noch in einem weiteren wichtigen Punkt, worauf bereits in Kapitel 2 eingegangen wurde. Han erkannte, dass das »Übermaß an Reizen, Informationen und Impulsen«, dem immer mehr Berufstätige ausgesetzt sind, die Aufmerksamkeitsstruktur des modernen Menschen – hin zu einer breiten, aber flachen Aufmerksamkeit – verändert. »Das Multitasking«, so Han, »stellt keinen zivilisatorischen Fortschritt dar.« Es sei »gerade bei Tieren in der freien Wildbahn weit verbreitet. Es ist eine Aufmerksamkeitstechnik, die unerlässlich ist für das Überleben in der Wildnis.« Das biologische Gegenstück dieser Aufmerksamkeitsform ist das in Kapitel 2 erläuterte Unruhe-Stresssystem (»Default Mode Network«).

6

Tätiges Leben und die Muße:
Theorien über die Arbeit und ihre Wirkungen
auf das reale Leben

Die menschliche Arbeit lässt sich von unterschiedlichen Positionen her betrachten. Man kann ihre Methoden und ihre Produkte untersuchen. Man kann die Anforderungen, welche die Arbeit an den heutigen Menschen stellt, und ihre gesundheitlichen Auswirkungen analysieren (dieser Ansatz bildet den Schwerpunkt dieses Buches). Die menschliche Arbeit ist jedoch mehr als das, was wir produzieren oder was wir körperlich und psychisch erleben, während wir sie tun. Obwohl sie erst dadurch zutage tritt, dass wir als Menschen tätig werden, ist die Arbeit zugleich eine Art Naturphänomen, das wir wie einen Teil der äußeren Welt betrachten, über das wir uns Gedanken machen und Theorien entwerfen können. Vorstellungen, die wir uns über die Arbeit machen, wirken auf unsere Realität – auch auf unsere Arbeit – zurück und lenken unser Tun. Daher soll sich dieses Kapitel mit der Frage beschäftigen, was die Vorstellungen waren (und sind), von denen sich Menschen leiten ließen (und lassen). Was sind die unbewussten oder bewussten Theorien, die sich Menschen zum Sinn oder Unsinn der Arbeit gemacht haben (und machen)?

Die Theorien, die sich ein Mensch macht, um seine Arbeit zu rechtfertigen, unterliegen nicht notwendigerweise einem vordergründigen Nützlichkeitsdenken. Wer seine Arbeit gegen die eigene Neigung oder gar unter Zwang verrichten muss, dessen »innere Theorie« könnte beispielsweise den Plan eines Bedürfnisaufschubs beinhalten (»ich bemühe mich jetzt und werde später belohnt« oder »ich unterwerfe mich jetzt dem göttlichen Gebot, dereinst wird mich der Himmel belohnen«), die Unterwerfung unter die Arbeit könnte auch mit dem Plan einer späteren Revanche verbunden sein (»ich muss mich jetzt fügen, werde mich aber später dafür rächen«).

Aber auch da, wo die Arbeit freiwillig geleistet wird, sind die Theorien zur Arbeit, die einen Menschen leiten, nicht immer rational, jedenfalls nicht im zweckrationalen Sinne eines kaufmännischen Kalküls. Menschliche Arbeit kann – bewusst oder unbewusst – von allerhand fantastischen Vorstellungen geleitet sein, seien sie ästhetischer, karitativer oder schlicht geltungssüchtig-größenwahnsinniger Natur.

Selbstverständlich sind Theorien zur Arbeit keine auf beliebigen Einfällen beruhenden Zufallsprodukte, sondern haben – wie schon Karl Marx erkannte – die jeweils gegebenen materiellen und sozialen Verhältnisse zur Grundlage. Wenn sich bestimmte Vorstellungen aber erst einmal gebildet haben, dann sind sie, wie die Geschichte zeigt, keine flüchtigen Erscheinungen, sondern erfreuen sich einer langen Lebensdauer über Generationen hinweg. Die sozialen Milieus, in denen Menschen aufwachsen, geben die in ihnen gepflegten, auf die Arbeit bezogenen Vorstellungen an die Nachwachsenden weiter. Diese Weitergabe findet überwiegend implizit statt und setzt sich gegen Versuche, eine bestimmte, in einem Milieu gepflegte Theorie durch bewusste Reflexion abzulegen, häufig gnadenlos durch. Vorstellungen, die Menschen, meist sogar ganze Kulturen mit der Arbeit verbinden, wirken also in hohem Maße auf die Realität zurück und haben eine historisch überdauernde Kraft. Aus diesen Gründen sollte eine Analyse der Vorstellungen, die Menschen mit der Arbeit verbunden haben und verbinden, unser Interesse finden.

Die »Erfindung« der Arbeit

Daran, dass sich Menschen – nicht anders als Tiere – seit jeher betätigen mussten, um ihr Überleben zu sichern, kann kein Zweifel bestehen. Die Ernährung unserer evolutionären Vorfahren beruhte bis zum Beginn der Sesshaftigkeit des Menschen bekanntlich ausschließlich auf dem Sammeln vegetarischer Nahrungsmittel, dem Fischfang und der Jagd[299]. Bevorzugte Rückzugs- und Ruheorte der Sammler und Jäger waren Höhlen. Zu den notwendigen Tätigkeiten, die das Überleben sicherten, gehörte seit Jahrhunderttausenden die Herstellung von Werkzeugen. Sie wurden für die Erschließung vegetarischer Lebensmittel (z. B. für das Ausgraben von Knollen und Wurzeln oder für das Öffnen von Nüssen), für den Fischfang, für die Jagd, für die Bearbeitung von Tierprodukten (z. B. für die Präparation von Fleisch und die Herstellung von Fellen) und für die Aufbereitung von Unterkünften benötigt. Ein weiterer Verwendungszweck von Werkzeugen war die Herstellung von künstlerischen Produkten. Davon zeugen jahrzehntausendealte Höhlenmalereien und kleine Figuren, wie sie in einer als »Statuettenhorizont« bezeichneten, von der Iberischen Halbinsel bis nach Osteuropa reichenden

Zone gefunden wurden. Wer darauf bestehen würde, die vielfältigen Beschäftigungen unserer Jäger- und Sammlervorfahren als »Arbeit« zu bezeichnen, dem könnte man vermutlich nur schwer widersprechen.

Da der Übergang von Tätigkeiten, die Menschen vor und nach Beginn der Sesshaftigkeit ausübten, ganz offensichtlich ein fließender war, muss jeder Versuch, den evolutionären oder historischen Beginn der menschlichen Arbeit zu kartieren, willkürlich bleiben. Den globalen Anfang der menschlichen Sesshaftigkeit machten, soweit derzeit bekannt, Menschen, die vor rund 12 000 Jahren in einem Geländebogen lebten, der vom Jordantal nach Nordosten bis ins obermesopotamische Bergland reichte. Die Würm-Eiszeit, die Europa über mehrere Zehntausend Jahre in einen Eisschrank mit weit ins Flachland reichenden Gletschern verwandelt hatte, neigte sich damals gerade langsam ihrem Ende zu. Während in Europa noch Eiszeit herrschte, ließ es sich in den südlicheren Regionen des Nahen und Mittleren Ostens teilweise sehr angenehm leben. Die Bergzonen am Oberlauf von Euphrat und Tigris waren damals ein bewaldetes, vegetarisch ergiebiges und wildreiches Gebiet, für Menschen ein ideales, geradezu paradiesisches Biotop. Hier, in einer Gegend, die heute den äußersten, südöstlichen Bereich der Türkei bildet, wurden unter maßgeblicher Beteiligung deutscher Archäologen in den letzten Jahren die ältesten Spuren menschlicher Sesshaftigkeit gefunden.

Einer der derzeit ältesten »Spots« in diesem Gebiet ist das vom Berliner Archäologen Klaus Schmidt entdeckte und in den letzten Jahren – zusammen mit seinem Team – ausgegrabene Göbekli Tepe[300]. Schmidt datiert die ältesten Schichten von Göbekli Tepe auf 9600 bis 8800 v. Chr.

Zusammen mit anderen Neurowissenschaftlern, Philosophen und einem internationalen Archäologenteam war ich im Herbst 2012 zu einem von der Templeton Foundation organisierten Workshop in die Osttürkei eingeladen. Unsere Gruppe hatte die Aufgabe, sich Göbekli Tepe vom Ausgrabungsleiter Klaus Schmidt ausführlich zeigen zu lassen und zusammen mit ihm mehrere Tage darüber nachzudenken, welche Bedeutung die dort freigelegte Anlage für diejenigen gehabt haben könnte, die sie einst erbaut hatten. Göbekli Tepe ist ein ausgedehntes, auf der plateauartigen Anhöhe eines Berges liegendes, aus mehreren kreisrunden Anlagen bestehendes Areal. Jede der Anlagen wird von einer runden, nicht sehr hohen Mauer begrenzt, die vermutlich einst als Fundament eines heute nicht mehr erhaltenen Holzdaches diente. An der Innenseite der Mauer einer solchen Anlage befindet sich eine kreisrunde Steinbank. In die Mauer integriert sind mehrere einzeln stehende, übermannsgroße Steinstelen, welche die Steinmauer unterbrechen und offensichtlich anonyme, der Mitte des Kreises zugewandt, stehende menschenartige Figuren darstellen. In der Mitte des Kreises befinden sich zwei weitere, frei nebeneinanderstehende Stelen, welche ebenfalls erkennbar Menschengestalt haben, ihre im Kreis stehenden »Kollegen« aber deutlich an Höhe überragen. Sie werden von diesen sozusagen umringt und angeblickt (dies ist metaphorisch zu verstehen, denn keine der imposanten Steinfiguren weist Gesichtszüge oder gar Augen auf).

Was hat Göbekli Tepe, eine der ältesten Spuren menschlicher Sesshaftigkeit, mit dem Thema Arbeit zu tun? Da die tonnenschweren Steinstelen nicht nur behauen und künstlerisch bearbeitet, sondern erkennbar erst an den Ort ihrer Aufstellung transportiert worden waren, stellte sich den Archäologen die Frage, woher sie stammten. Die Antwort fand sich unweit der Anlage: Einige Hundert Meter entfernt erkennt man eine Art Steinbruch, wo die Erbauer der Anlage große, tonnenschwere Steinfragmente aus dem Boden gelöst und – vermutlich auf Rollen, die sie aus Holzstämmen hergestellt hatten – zur Anlage transportiert hatten (wo sie die Steine dann aufstellten). Der großflächige Steinbruch zeigt noch heute eindeutige Spuren, die erkennen lassen, dass unsere neolithischen Vorfahren offenbar mithilfe starker Stangen große Platten aus dem Boden herausgehebelt hatten. Der Bau der gesamten Anlage erforderte eine sich über einen längeren Zeitraum erstreckende, kontinuierliche Zusammenarbeit von mindestens ein- bis zweihundert Personen. Was hier – womöglich erstmals in der Geschichte der Menschheit – gefordert war, war *Arbeit im Sinne dessen, was wir heute darunter verstehen.* Daher ist Klaus Schmidt zuzustimmen, wenn er Göbekli Tepe als einen möglichen Ort der »Erfindung der Arbeit« bezeichnet[301].

Was waren die Vorstellungen, welche die Erbauer einer Anlage wie Göbekli Tepe veranlasst haben, die enormen, für die Errichtung erforderlichen Arbeitsanstrengungen auf sich zu nehmen? Interessant ist, dass die stilisierten, große menschliche Gestalten darstellenden Stelen allesamt männlichen Geschlechts sind. Ihre Oberflächen sind mit der Darstellung zahlreicher, überwiegend gefährlicher Tiere verziert. Soweit es die Möglichkeiten der Darstellung zuließen, sind alle Tiere männlichen Geschlechts, ihre Genitalien sind überdeutlich herausgearbeitet. Da die Anlage keine Elemente enthält, die dafür sprechen, dass sie dauerhaft bewohnt wurde[302], wird angenommen, dass sie ein zentraler Versammlungsort für sesshafte Gruppen im Umkreis von bis zu etwa 50 Kilometern war. Die in den ausschließlich männlichen Figuren und Tieren zum Ausdruck kommende Testosteronlastigkeit der Anlage lässt vermuten, dass es sich um einen Versammlungsort von Männern handelte[303]. Dafür spricht auch ein in die bereits erwähnte Sitzbank eingeritztes, despektierliches, eine nackte Frau darstellendes Graffito (womöglich die weltweit älteste Pornodarstellung). Der »innere Plan«, der die Arbeit an dieser Anlage vorangetrieben haben könnte, war möglicherweise der Wunsch nach einer kraftprotzenden Selbstdarstellung männlicher Leistungspotenziale[304].

Die »Erfindung« des Menschen als Arbeitskraft

Über die Gründe für den als »neolithische Revolution« bezeichneten Beginn der Sesshaftigkeit des Menschen lässt sich nur spekulieren. Möglicherweise war es ein Mangel an bisher ausreichend zur Verfügung stehenden Ressourcen. Dezimierte Wildbestände oder ein klimatisch bedingter Rückgang der natürlichen Vegetation könnten den Menschen dazu veranlasst haben, »im Schweiße seines Angesichts« Korn anzubauen und Tiere zu domestizieren. Der Bau fester Behausungen und der Beginn von Ackerbau und Viehzucht waren eine technologische Revolution. Eines ihrer Produkte war die »Erfindung« des Menschen als Arbeitskraft. Die neolithische Revolution markiert den Beginn des zivilisatorischen Zeitalters. Die ihr nachfolgenden Kulturen des Zweistromlandes brachten eine einschneidende, tief greifende Veränderung des Zusammenlebens von Menschen mit sich[305]. Nicht nur die Arbeit (im heutigen Sinne), auch das Eigentum an Grund und Boden und Handelswaren wurden »erfunden«. Wenig später folgte die »Erfindung« des Geldes und der Schrift. Die sich um Eigentum, Geld und andere knappe Ressourcen logischerweise entwickelnden Konflikte waren mit einem hohen Maß an sozialer Desintegration und einer Zunahme zwischenmenschlicher Gewalt verbunden gewesen, was nun erstmals auch die Installation expliziter Moral- und Gesetzessysteme erforderlich machte[306].

Dort, wo sie möglicherweise »erfunden« worden war, währte die Arbeit nicht lange. Aus bis heute nicht ganz verstandenen Gründen verließen die obermesopotamischen Siedler von Göbekli Tepe (und einigen benachbarten, ähnlichen Orten) nach einigen Jahrhunderten ihre Anlage, wobei sie diese vor ihrem Abmarsch sorgfältig zuschütteten (diesem Umstand ist zu verdanken, dass sie, bestens erhalten, in den letzten Jahren ausgegraben werden konnten). Ihre historische Fortsetzung fand die Geschichte der Arbeit dann jedoch am Unterlauf von Euphrat und Tigris, wo Menschen ab etwa 6 000 bis 5 000 vor unserer Zeitrechnung zu siedeln begannen[307]. Ab dem 4. Jahrtausend vor Christus entwickelten die Sumerer ihre Kultur[308]. Ihnen folgten im Zweistromland die Reiche der Akkader, Babylonier und Assyrer, am Nil entwickelte sich parallel dazu das Reich der Pharaonen[309].

Die Anlage von Kanalnetzen bzw. künstlichen Bewässerungssystemen bedeutete einen gewaltigen Arbeitsaufwand, den man schon im Zweistromland lieber von anderen erledigen ließ, als ihn selbst zu leisten. Gleichzeitig entwickelte sich in den Städten das Handwerk. Spätestens jetzt war der Mensch als Arbeitskraft »erfunden«. Landarbeiter oder mit Raubzügen erbeutete Sklaven verrichteten die anstrengende Arbeit auf den Feldern. Neben dem Kampf um Macht und materielle Ressourcen dienten Kriege vor allem der Gewinnung von Arbeitskräften. Kriegerisch erzwungene Deportationen ganzer Völker allein zu diesem Zweck waren keine Seltenheit[310] – und sollten es in der weiteren Menschheitsgeschichte nicht bleiben.

Im Konflikt mit Stolz, Würde und Körperkult: Die Arbeit im antiken Griechenland und im Reich der Römer

Auch wenn man die Einschätzungen der Arbeit im klassischen Athen und später im Reich der Römer nicht teilt, so bleibt doch anzuerkennen, dass hier – offenbar erstmals in der Geschichte – darüber nachgedacht wurde, was die Arbeit für das *Individuum,* was sie für die *Person* bedeutet. Bei der Bewertung der Arbeit hat griechische Denker[311] vor allem die Frage beschäftigt, inwieweit die menschliche Arbeit die *Würde des Menschen* wahrt oder sie beschädigt. Während der Aspekt der Würde ausgesprochen modern erscheint, befremdet uns heute allerdings die sowohl im klassischen Griechenland als auch im alten Rom vorgenommene Unterscheidung zwischen Menschen unterschiedlicher Wertigkeit und einem sich daraus ableitenden unterschiedlichen Anspruch auf Würde.[312] Auch bei der Definition dessen, was Würde ist, würden wir heute dem, was griechische Philosophen dazu geäußert haben, wohl nur in Grenzen folgen können. Unwürdig war bereits, sich aus Erwerbsgründen den Befehlen anderer unterordnen zu müssen, »... denn es ist«, wie es Aristoteles (384–322 v. Chr.), einer der großen Denker des antiken Griechenland formulierte, »Kennzeichen eines unabhängigen Mannes, nicht in Abhängigkeit von anderen zu leben.«[313]

Der Arbeit kam im klassischen Griechenland kein Selbstwert zu, sie war ein notwendiges Übel. »Das ganze Leben ist geteilt in Arbeit und Muße ... man wählt die Arbeit der Muße wegen«, schrieb Aristoteles und fährt an anderer Stelle fort: »Die Glückseligkeit scheint in der Muße zu bestehen. Wir opfern unsere Muße, um Muße zu haben.«[314]

Allerdings war Muße etwas anderes als Müßiggang. Bereits Hesiod, ein griechischer Dichter, der um 700 v. Chr. lebte, verurteilte diejenigen, die einfach gar nichts taten und anderen deswegen zur Last fielen. Doch wenn schon Arbeit, dann sollte sie frei und selbstbestimmt sein: »Es ist ein großer Unterschied, aus welchem Grund man etwas tut oder lernt«, liest man bei Aristoteles. »Tut man es für sich selbst oder für seine Freunde oder um der Tugend willen, so ist es eines freien Mannes nicht unwürdig; tut man dasselbe aber um anderer willen, so wird man wohl oft wie ein Mensch dastehen, der das Geschäft eines Tagelöhners oder eines Sklaven versieht.« »Selbst ein König«, so Aristoteles, »darf Bäume fällen oder hinter dem Pflug gehen, aber nur so weit er es aus freien Stücken und für sich selbst tut.«[315]

Merkwürdigerweise waren Tätigkeiten wie das Handwerk, dessen Produkten bereits damals ein funktionierender Alltag zu verdanken war, im antiken Griechenland nicht angesehen. Die Gründe kann man beim Geschichtsschreiber Xenophon (426–355) nachlesen: »Die sogenannten handwerklichen Beschäftigungen haben einen schlechten Ruf und werden mit Recht verachtet. Sie schwächen nämlich den Körper des Arbeiters, da sie ihn zu einer sitzenden Lebensweise und zum Stubenhocken zwingen oder sogar dazu, den Tag am Feuer zuzubringen. Wenn aber der Körper verweichlicht wird, leidet auch die Seele. Auch halten diese Beschäftigungen davon

142

ab, sich um Freunde und den Staat zu kümmern. Daher sind diese Leute ungeeignet für das gesellige Beisammensein und die Verteidigung des Vaterlandes.«[316]

Was bei den »alten« Griechen zählte, war – neben der Philosophie und politischem Engagement – vor allem körperliche Fitness, um im Krieg kämpfen zu können, und die Kunst, mit anderen geselligen Umgang zu pflegen. Unter den »niederen« Tätigkeiten von Missachtung ausgenommen war allerdings die Landwirtschaft, da sie, wie Xenophon betonte, den Körper ertüchtige und die materiellen Voraussetzungen für Gastfreundschaft und geselliges Beisammensein schaffe.

Im Weltreich des antiken Rom herrschte gegenüber der menschlichen Arbeit eine ähnlich dünkelhafte Haltung wie zuvor bereits im klassischen Griechenland. Angesehene Tätigkeiten waren lediglich die »Artes liberales«, zu denen der Landbau, die Architektur, die Medizin und die Wissenschaften gezählt wurden. Tätigkeiten wie insbesondere das Handwerk, die »nur« den bloßen Notwendigkeiten des Alltags dienten, hatten wenig Ansehen. Cicero (106–43 v. Chr.), ein zu seiner Zeit einflussreicher politischer Strippenzieher und Redner, war der Meinung, dass »alle Handwerker sich mit einer schmutzigen Tätigkeit befassen«, weshalb »eine Werkstätte nichts Edles an sich haben« könne. Auch was ungelernte Arbeiter (»Tagelöhner«) taten, hielt er für »eines freien Menschen unwürdig und schmutzig«.[317] Ebenso verachtete er Handel treibende Kaufleute, Geldverleiher und Zollbeamte. Arbeit, die nur des Geldes wegen getan werde, verderbe den Charakter.

Die damals übliche Kategorisierung in angesehene und verachtete Berufe war fatal, weil im Römischen Reich durch die soziale Stellung im Vorhinein festgelegt war, welchen Beruf

jemand ausübte. Der umgekehrte Weg, sich durch die Berufs-
wahl einen bestimmten sozialen Stand zu erarbeiten, war im
»alten« Rom so gut wie unmöglich (dies sollte später auch im
Mittealter so bleiben und gilt leider in einem gewissen Maße
ja sogar noch heute). Von einigen klugen Äußerungen des sto-
ischen Philosophen Seneca zum Thema wird an späterer
Stelle noch die Rede sein.

Nichts Schlechtes:
Die Arbeit in der jüdisch-christlichen Tradition

In der jüdisch-christlichen Tradition gehört die Arbeit ohne
Unterschiede als integraler Bestandteil zum Leben des Menschen. Die merkwürdig wählerische Haltung gegenüber unterschiedlichen Formen der Arbeit, wie sie uns in der klassischen Antike begegnen, sucht man sowohl in der jüdischen
als auch in der frühchristlichen Tradition vergebens. In der
Schöpfungsgeschichte des Alten Testaments, deren Nieder-
schrift etwa 1 000 v. Chr. erfolgte, wird die Arbeit dem Menschen zwei Male – das eine Mal als chancenreicher Auftrag,
das andere Mal als Strafe – präsentiert. Unmittelbar nach dem
göttlichen Schöpfungsakt erhält der Mensch den berühmten,
allseits bekannten Auftrag »Seid fruchtbar und mehret euch,
füllt die Erde, macht sie euch untertan und herrscht über die
Fische im Meer, über die Vögel unter dem Himmel, über das
Vieh und über alle Tiere, die auf der Erde kriechen«.[318] Weniger positiv hört sich dann allerdings an, was Adam kurz vor
der Vertreibung aus dem Paradies zu hören bekommt, nachdem er und Eva sich den »Sündenfall« geleistet hatte: »Ver-
flucht sei der Acker um deinetwillen! Mit Mühsal sollst du

dich von ihm nähren ein Leben lang. ... Im Schweiße deines Angesichts sollst du dein Brot essen.«[319] Beide Versionen machen deutlich, dass der Mensch in der jüdischen Tradition als zur Arbeit berufen angesehen wird[320].

Im Neuen Testament taucht die Arbeit als selbstverständlicher Teil des menschlichen Lebens auf. Jesus Christus war der Sohn eines Handwerkers. Bevor er als Rabbi mit seinen Jüngern umherzog, war er vermutlich einige Jahre in der väterlichen Werkstatt tätig. Obwohl einiges darauf hindeutet, dass er in rebellischer Opposition zum römischen Besatzungsregime und zu jüdischen Behörden stand, die sich diesem Regime seinerzeit allzu bereit anpassten[321], finden sich bei ihm keine gegen die Arbeit als solche gerichtete Aussagen. In seinen Gleichnissen verglich er seine Jünger wiederholt mit Arbeitern[322]. Um Menschen mit einfachen oder verachteten Berufstätigkeiten machte er bekanntlich keinen Bogen. Interessant ist aber eine Sequenz aus der sogenannten Bergpredigt des Matthäusevangeliums, aus der deutlich wird, dass er einen durch Wohlstandswünsche oder Zukunftsängste angetriebenen Arbeitseifer ablehnte: »Ihr sollt nicht Schätze sammeln auf Erden, wo sie Motten und der Rost fressen«, wird Jesus Christus hier zitiert und fährt dann fort: »Sorgt nicht um euer Leben, was ihr essen und trinken werdet; auch nicht um euren Leib, was ihr anziehen werdet. Ist nicht das Leben mehr als die Speise und der Leib mehr als die Kleidung? Seht die Vögel unter dem Himmel, sie säen nicht, sie ernten nicht, sie sammeln nicht in Scheunen, und euer himmlischer Vater nährt sie doch.« Kurz darauf ergänzte er seine Aussage mit einem Hinweis auf »die Lilien auf dem Felde«, um seine Zuhörer zu erinnern: »sie arbeiten nicht.«[323]

In gewissem Kontrast zu der Aufforderung Jesu, sich Vögel unter dem Himmel und Lilien auf dem Feld zum Vorbild zu nehmen, steht dann aber eine berühmt gewordene Äußerung des Missionars Paulus, der etwas später als Jesus lebte und 65 n. Chr. starb. Von Beruf war er Segeltuchhersteller, er war also, wie Jesus, selbst Handwerker[324]. In einem Brief an die Gemeinde von Thessaloniki ermahnte er seine dortigen Adressaten zunächst, sich von Leuten, die »unordentlich leben«, zurückzuziehen, und forderte sie auf, sich an ihm selbst ein Vorbild zu nehmen: »Ich habe nicht unordentlich bei euch gelebt, habe auch nicht umsonst Brot von jemandem genommen, sondern habe mit Mühe und Plage Tag und Nacht gearbeitet, um keinem von euch zur Last zu fallen.« Dann folgte eine berühmt gewordene Ansage: »Wer nicht arbeiten will, der soll auch nicht essen.«[325] Dieser Satz wurde, wie bereits eingangs dieses Buches erwähnt, leicht abgewandelt fast zweitausend Jahre später nochmals aufgegriffen. Bei Wladimir Iljitsch Lenin (1870–1924) lautete er zugespitzt: »Wer nicht arbeitet, der soll auch nicht essen«[326].

Kirchenvater Augustinus (354–430 n. Chr.) lehrte, insoweit ganz auf der Linie von Paulus, dass Mönche arbeiten und von der eigenen Arbeit leben sollten: »Was immer Menschen ... ohne Betrug arbeiten, ist gut.«[327] Inwieweit sich Äußerungen wie jene von Paulus und Augustinus als ein allgemeines Plädoyer für die Arbeit deuten lassen, muss unsicher bleiben. Bei Jesus selbst findet sich jedenfalls kein Votum für die Arbeit als Selbstwert oder Selbstzweck.

»Vita activa« und »vita contemplativa«: Die Arbeit im christlichen und höfischen Mittelalter

Eine der frühesten Stimmen im christlichen Mittelalter, die sich zum Stellenwert der Arbeit geäußert haben, war die des Gründers des Benediktinerordens, Benedikt von Nursia, der von etwa 480 bis 547 n. Chr. gelebt haben soll[328]. Die ihm zugeschriebene berühmte »Benediktinerregel«, eine umfangreiche Sammlung von Anweisungen zum Klosterleben, betrachtete geistige und körperliche Arbeit als Mittel zur Zügelung des Körpers und zur Zähmung seiner Begierden und Instinkte. Trägheit und Müßiggang galten bei Benedikt als »Feinde der Seele«[329]. Für das Denken im christlichen Mittelalter wurde die menschliche Arbeit so zu Strafe, Züchtigung und göttlichem Gesetz in einem. Dem berühmten benediktinischen Leitsatz »Ora et labora« (»Bete und arbeite«) folgend, sollten drei Formen der Arbeit das Klosterleben – und in sozusagen verdünnter Form auch das Leben außerhalb der Klostermauern – bestimmen: Der Gottesdienst (Opus dei), die Lesung religiöser Texte (Lectio divina) und die körperliche Arbeit (Opus manuum[330]). Was das Klosterleben betraf, so sah die Benediktinerregel für jede dieser Tätigkeiten feste Zeiten vor. So sehr er das Lob der Arbeit sang, so mahnte Benedikt von Nursia doch auch zur Mäßigung: die Mönche »sollen nicht müßig sein, aber auch nicht durch allzu große Last der Arbeit erdrückt oder sogar fortgetrieben werden ... Alles geschehe maßvoll.«[331] Umso härter musste außerhalb der Klostermauern gearbeitet werden. Mittelalterliche Bauern waren oft Leibeigene, auch viele Klöster hielten sich Sklaven.

Eine Stimme, welche die Akzente etwas anders als Benedikt von Nursia setzte und das Denken über die Arbeit im

Mittelalter maßgeblich bestimmen sollte, war die des Theologen, Philosophen, Dominikanermönchs und später zu den Kirchenlehrern gezählten Thomas von Aquin (1225–1274). Thomas stammte wie Benedikt aus dem heutigen Italien, wie er war er der Spross einer begüterten Familie. Er war ein Intellektueller, der vor allem durch den griechischen Philosophen Aristoteles beeinflusst war.

Wie bereits ausgeführt, genoss die körperliche Arbeit in der griechischen Philosophie kein Ansehen. Was im antiken Griechenland zählte, war die Muße. Sich der Muße hinzugeben bedeutete keineswegs, das Lob der Faulheit zu singen, sondern galt im antiken Griechenland als ein schöpferischer Zustand, in welchem innegehalten, nachgedacht, eine künstlerische Tätigkeit ausgeübt oder mit Freunden gesprochen wurde. Was in der Antike Muße war, wurde im christlichen Mittelalter zur Kontemplation (»vita comtemplativa«), zu einer konzentrierten geistigen Hinwendung zu Gott, zu einem Nachdenken über religiöse Texte und sich daraus ergebende Fragen, zum andächtigen Gesang und zum Gebet. Als am aristotelischen Denken geschulter Kopf hielt Thomas von Aquin die »vita contemplativa« für etwas Besseres als die »vita activa«, die Kontemplation war der körperlichen Arbeit aus seiner Sicht schlicht und einfach überlegen[332].

Die Unterordnung der körperlichen Arbeit (»vita activa«) unter die geistige (»vita contemplativa«) in der mittelalterlichen Theologie, die nicht nur von Thomas von Aquin, sondern nördlich der Alpen auch vom Mystiker Meister Eckhart (1260–1328) vertreten wurde[333], hatte weitreichende Folgen. Bis zum Beginn des Zeitalters der Aufklärung, welches mit der Renaissance und der Reformation einsetzte, war die Theologie die intellektuelle Leitwissenschaft. In ihr war die

Philosophie sozusagen mit untergebracht. Indem er eine theologische Rechtfertigung für den Vorrang des Intellektuellen vor dem Praktischen formulierte, übertrug Thomas von Aquin die in der griechischen Antike gepflegte Attitüde der Geringschätzung der körperlichen Arbeit in das europäische Denken (wo es sich bis hin zur späteren »humanistischen Bildung« fortpflanzte). Der urchristlichen, von Jesus Christus vorgelebten Haltung widersprach dies diametral, ein Umstand, der die Bewegung der Bettelmönchsorden in Gang setzte. Gemäß der durch Thomas von Aquin gesetzten kirchenoffiziellen Position hatten nicht nur Priester, sondern auch Angehörige des Adels eine Rechtfertigung, sich von körperlicher Arbeit fernzuhalten.

Für den ritterlichen Adel des Mittelalters war die »vita contemplativa« nicht das Gebet, sondern die Minne, ein höfischer Kavalierskult, bei dem Gedichte und Gesang zum Einsatz kamen. Der Adel betrachtete körperliche Arbeit als unter seiner Würde. Die »arebeit«, mit der Ritter Würde, Ansehen und Ehre erlangen konnten, bestand neben dem Minnedienst im ritterlichen Kampf. Beide Tätigkeiten wurden allerdings mit teilweise derartiger Leidenschaft betrieben, dass man durchaus von Arbeit sprechen konnte. Nur Minne- und Kampfesdienste waren jedenfalls gemeint, wenn der mittelalterliche Dichter Walther von der Vogelweide schrieb, jeder tüchtige Ritter müsse »werben umbe werdekeit mit unverzageter arebeit«[334].

Was das »Arbeitsprogramm« eines mittelalterlichen Adeligen war, formulierte Baldesar Castiglione 1528 in seinem »Libro de Cortegiano«, einer Art Knigge für Ritter, so: »Bei den Kampfspielen und Turnieren, beim Reiten und Handhaben jeglicher Art von Waffen, ebenso bei Festen, Spielen und Musik, kurzum, bei allen Übungen, die edlen Rittern angemessen sind, war jeder bemüht, sich so zu zeigen, dass er es verdiente, dieser edlen Tätigkeiten für würdig erachtet zu werden.«[335]

Die Reformation: Die Befreiung der Arbeit und neue Zwänge

In der gesellschaftlichen Ordnung des Mittelalters bildete eine hart arbeitende, leibeigene oder zu hohen Abgaben verpflichtete Landbevölkerung zahlenmäßig die große Mehrheit. Ihr stand ein mit ritterlichem Kampf und Minnediensten beschäftigter Adel gegenüber. Die Klöster – damals noch die einzigen Bildungseinrichtungen – legitimierten diese Situation mit einer Theologie, in der die körperliche Arbeit zwar als minderwertig erachtet, dem einfachen Volk zugleich aber als religiöse Pflicht auferlegt wurde. Diese Situation konnte nicht ewig dauern, zumal in zahlreichen mittelalterlichen Städten[336] bereits ein neues Modell vorgelebt wurde. In ganz Europa brachen über das gesamte Mittelalter hinweg regional immer wieder Bauernaufstände aus. Die Tatsache, dass Handwerker und Kaufleute in einigen teilautonomen Städten des Mittelalters durch Fleiß zu erheblichem Wohlstand kommen konnten, ließ die Bedeutung der Arbeit und ihren Wert unmittelbar evident werden. Die sich daraus erstmals entwickelnde, quasi moderne Wertschätzung der praktischen – auch der körperlichen – Arbeit verdeutlicht ein Zitat des venezianischen Kaufmanns Marco Polo (1254–1324): »Offensichtlich sind die Götter dem tüchtigen Manne wohlgesinnt.«[337] Diese Logik bestimmte ein völlig neues Denken und war ein früher Vorläufer für die ab der Reformationszeit einsetzende »Befreiung der Arbeit«.

Ein biografisches Beispiel dafür, wie sich gegen Ende des Mittelalters zunehmend Möglichkeiten boten, aus dem Gefängnis der Standeszugehörigkeit auszubrechen und durch eigene Tüchtigkeit sein Glück zu machen, war der Vater Martin Luthers. Dieser, Hans Luther (1459–1530)[338], war der Sohn eines Bauern und ein typischer beruflicher Aufsteiger, zuletzt besaß er eine Kupfermine[339]. Entsprechend war für seinen Sohn Martin Luther (1483–1546), Augustinermönch, Theologieprofessor und Reformator, die Arbeit eine legitime Chance, zu Wohlstand zu gelangen: »Erbeiten, daß man Güter kriegt, das ist recht«[340]. Indem er zugleich aber die bereits von Augustinus und vom Ordensgründer Benedikt formulierte Ablehnung des »faulen Müßiggangs« (so Luther) erneuerte, machte er aus der Arbeit ein gottgewolltes Gebot. In einer Predigt formulierte Martin Luther 1525: »Der Mann soll fleißig arbeiten …, denn von Arbeit stirbet kein Mensch, aber vom … Müßiggehen kommen die Leut um Leib und Leben«, worauf er den berühmt gewordenen Satz folgen ließ, dass »der Mensch zur Arbeit geboren [ist] wie der Vogel zum Fliegen«[341]. So sehr er die Freiheit eines jeden, durch Arbeit sein Glück zu schmieden, bejahte, so lehnte der Reformator allerdings jegliche revolutionäre Aufsässigkeit gegenüber der weltlichen Ordnung ab. Jeder solle dort seine Pflicht tun, wo Gott ihn hingestellt habe.

Der Protestantismus leistete einen Beitrag dazu, den äußeren Zwang zur Arbeit, wie er im Mittelalter gegeben war, nun zu einem *inneren* Zwang, zu einer verinnerlichten *Arbeitsmoral* werden zu lassen. Gerade erst befreit, landete die Arbeit damit erneut in einem Zwangskorsett. Krasser noch als bei Luther zeigte sich dies beim Theologen und Reformator Johannes Calvin (1509–1564). Calvin entstammte einer katholischen Familie aus dem Norden Frankreichs, er hatte Theologie studiert, schloss sich den Ideen Luthers an und musste wegen der sich daraus ergebenden Differenzen mit der katholischen Kirche mehrfach fliehen. Seine wichtigste Wirkungsstätte war schließlich das schweizerische Genf, wo er eine strenge reformatorische Ordnung einführte. Auch der Calvinismus legitimierte geschäftlichen Erfolg, verband dies aber mit der Forderung nach einer – zumindest dem Anschein nach – asketischen, jedem Genuss abholden Lebensweise. Nichtstuer, Arbeitsscheue und Bettler wurden verurteilt und in calvinistisch orientierten Städten nicht selten in Zuchthäuser gesteckt. Im freudlosen Sparzwang des Protestantismus, wie er ihm nicht nur in Europa, sondern vor allem auch im protestantischen Amerika begegnet war, erkannte der deutsche Soziologe und Nationalökonom Max Weber (1864 bis 1920) einen frühen Vorläufer des kapitalistischen Geistes[342]. Der Protestantismus habe »die Askese aus den Mönchszellen heraus in das Berufsleben übertragen«[343]. Die Frage, ob es dazu eine Alternative gegeben hätte, und wenn ja, welche, ließ Max Weber offen.

Im Vorfeld der Industrialisierung:
Die Etablierung der Ökonomie als Fundamentalmechanismus
durch Bacon, Locke, Hume und Smith

Wenige Jahrzehnte nach Martin Luther entwickelten sich neue, radikalere Ansätze, die darauf verzichteten, die neuen Ordnungsvorstellungen und Strukturen, die jene des Mittelalters ablösen sollten, theologisch zu legitimieren. Ihre Stimme fanden diese Ansätze zunächst in Francis Bacon (1561–1626), einem englischen Philosophen und Politiker, und wenig später in René Descartes (1596–1650), einem französischen Denker, der sich auch als Mathematiker und Naturwissenschaftler betätigte. Francis Bacon war der mittelalterlichen Sitte überdrüssig, die Wahrheit über die Welt in endlosen theologischen Disputen zu erforschen, und forderte stattdessen ein auf Erfahrungswissen basierendes, naturwissenschaftliches Herangehen an die Wirklichkeit, ein als »Empirismus« bezeichneter Ansatz. Mittelalterliche Gelehrte, so Bacon, hätten versucht, durch Argumentationen zu besiegen, was ihnen entgegenstand, nun aber sei es an der Zeit, die Natur durch Arbeit und technische Verfahren zu bezwingen[344].

Einen weitgehend gleichen, streng naturwissenschaftlichen Denkansatz verfolgte René Descartes, der verlangte, die Mühsal der menschlichen Arbeit so weit als möglich durch technische Lösungen zu vermindern[345]. Dieses neue Denken machte die Bahn frei, nicht nur, um die Naturgesetze und die sich daraus ergebenden technischen Möglichkeiten zu erforschen, sondern auch, um in einer völlig neuen, wissenschaftlich fundierten Art und Weise über die Funktion und Bedeutung der menschlichen Arbeit nachzudenken.

Die Krönung der physischen Arbeit als Schöpferin aller Werte – und damit der endgültige Abschied von ihrer mittelalterlichen Geringschätzung – haben dann drei britische Denker vollzogen: der englische Philosoph John Locke (1632–1704), der schottische Philosoph und Ökonom David Hume (1711–1776) und schließlich sein schottischer Landsmann und Nationalökonom Adam Smith (1723–1790)[346]. Alle drei navigierten im Fahrwasser der bereits erwähnten, von Francis Bacon begründeten Denkschule des »Empirismus«.

John Locke erkannte, dass es erst die menschliche Arbeit ist, welche den meisten Dingen ihren Wert verleiht, und dass die Arbeit daher Rechte begründet, nicht zuletzt auch das Recht auf Eigentum. Er sah in der Arbeit jedoch weit mehr. Sie war für ihn eine Quelle menschlicher Identität. Locke betrachtete die Arbeit als ein Erfahrungsfeld, ohne welches sich weder Wissen noch menschliche Vernunft bilden könnten. Im Gegensatz zu Immanuel Kant (1724–1804), der eine präexistente Vernunft postulierte (aus der heraus sich die Fähigkeit zur Arbeit ableitete), war die Vernunft für Locke ein Produkt des Arbeitsgeschehens, sie entwickelt sich seiner Meinung nach erst aus dem pragmatischen Umgang des Menschen mit den Herausforderungen der Natur. Sein empirischer, wissenschaftlicher Ansatz bewahrte Locke davor, die Arbeit zu einem Selbstwert zu erklären. Die Arbeit ergab sich für ihn alleine aus der Notwendigkeit zur Selbsterhaltung, »Arbeit um der Arbeit willen« war für ihn »gegen die Natur«[347].

Der schottische Denker David Hume bekräftigte das von John Locke angelegte Konzept. »Alles in der Welt wird durch Arbeit erworben«, so Hume. Auch hier begegnet uns wieder der streng empirische, die Arbeit wertschätzende, vollständig religionsfreie Ansatz. Er wird bei Hume nicht nur dann deutlich, wenn es um die Analyse der Auswirkungen der Arbeit geht, sondern auch bei der Begründung ihrer Notwendigkeit: Bei Hume ist es – wie schon bei Locke – nicht etwa eine göttliche Pflicht, sondern es sind menschliche Interessen, welche die Notwendigkeit der Arbeit begründen. Der einzige Grund, warum Menschen sich der Arbeit unterziehen, seien ihre Begehren und Leidenschaften (»passions«)[348].

Mit Locke und Hume hatte sich die physische Arbeit endgültig aus dem Umfeld der Armut verabschiedet, in welchem sie seit der griechischen Antike angesiedelt gewesen war. Die Arbeit war jetzt nicht nur als eine, sie war nunmehr als die einzige legitime Quelle materiellen Reichtums anerkannt.

Adam Smith, nach Locke und Hume sozusagen der Dritte im Bunde, etablierte nicht nur die Wirtschaftswissenschaften als Spezialdisziplin. Er entwickelte aus den von seinen beiden Vorgängern gelegten Grundlagen ein ökonomisch basiertes Weltdeutungssystem[349]. Die Abschaffung einer durch Adel, Stände, Zünfte und entsprechende Privilegien geprägten Gesellschaft bedeutete für ihn das Heraufziehen einer neuen, durch vollständige Freiheit gekennzeichneten Epoche. Einerseits konnten, so seine Vision, aus der Leibeigenschaft befreite Bauern frei über ihre Arbeitskraft verfügen und sich in einer freizügig gewordenen Welt bewegen und verdingen. Andrerseits sollte aber auch Gewerbefreiheit herrschen. Jeder sollte unternehmerisch tätig sein dürfen, ohne durch Zünfte und andere Institutionen daran gehindert zu sein. Unternehmer und Arbeiter sah Smith – unter dem Vorzeichen eines durch Arbeit geschaffenen Wohlstandes für alle – im harmonischen Bündnis gegen die alte Privilegiengesellschaft des Adels vereint.

Smith war der Gründervater des sogenannten Liberalismus: Als allein entscheidend für eine Realisation seiner Vision sah er die Beseitigung von Vorschriften und anderen Hemmnissen, die zu seiner Zeit tatsächlich vor allem dem Zweck der Bewahrung ungerechtfertigter Privilegien gedient hatten.

Adam Smith vertrat die Auffassung, der freie Markt sei ein ethisch hinreichendes gesellschaftliches Organisationsprinzip. Dieses als »Ökonomismus«[350] bezeichnete Konzept sollte zum Credo des Liberalismus werden. Da Smith die Entwicklungen, welche später die Grenzen seines Konzeptes aufzeigen sollten, nicht mehr erleben konnte, durfte er zu seiner Zeit überzeugt sein, dass der von ihm vertretene Liberalismus eine hinreichende Bedingung für eine gerechte neue Gesellschaftsordnung sei.

Ein zentrales Element von Adam Smiths Theorie war, dass der allseitige Egoismus der Marktteilnehmer – Unternehmer, Arbeiter und Kunden – letztlich dem Allgemeinwohl diene[351], ein auch als »Mandeville-Paradox« bezeichneter (Schein-)Widerspruch. Dieses Paradox trägt diesen Namen, weil es von Bernard Mandeville (1670–1733)[352] in dessen berühmt gewordener »Bienenfabel« veranschaulicht wurde. Am Beispiel des Lebens eines Bienenstammes versuchte Mandeville 1714 zu demonstrieren, dass »private vices« (private Laster bzw. individueller Egoismus) zu »public benefits« (zu Vorteilen für alle) führen[353]. Wenn der Staat dagegen versuche, altruistische Standards vorzugeben, breche das gesamte Wirtschaftssystem zusammen mit negativen Folgen für alle Beteiligten.

Die im 17. und 18. Jahrhundert von John Locke, David Hume und Adam Smith entwickelten Konzepte bedeuteten den Durchbruch zu einer rational begründeten Theorie der Arbeit. Es dauerte jedoch nicht lange, bis die Schattenseiten des Liberalismus erkennbar wurden. Die ausgesparte Thematisierung des Interessenkonflikts zwischen Unternehmern und Arbeitern sollte das folgende 19. Jahrhundert beschäftigen. Eine andere problematische Tendenz war die quasireligiöse Überhöhung der Bedeutung der Arbeit für das menschliche Leben. Während physische Tätigkeiten im Mittelalter gegenüber der »vita contemplativa« abgewertet waren, wurden diese nun zu einem zentralen Wert. Wer nicht arbeitete und keine Umsätze machte, galt nichts. Diese schon bei Adam Smith angelegte Denkweise[354] sollte über den Liberalismus weit hinausreichen und später sogar auch das Denken auf der politischen Linken beeinflussen. Die Akteure der Französischen Revolution verstanden sich als eine auf allgemeine Arbeit gegründete Leistungsgemeinschaft, »Parasiten«, die nicht arbeiteten, wurden nicht geduldet[355].

Napoleon soll 1807 aus Osterode geschrieben haben: »Je mehr meine Völker arbeiten, umso weniger Laster wird es geben ... Ich wäre geneigt zu verfügen, dass auch sonntags ... die Geschäfte wieder geöffnet werden und die Arbeiter wieder ihrer Beschäftigung nachgehen.«[356]

Aus deutschem Munde war damals Ähnliches zu hören. Für Friedrich Schiller (1759–1805) war die Arbeit bekanntlich »des Bürgers Zierde«[357]. Auch für Immanuel Kant war der Wert der Arbeit per se gegeben, denn »je mehr wir beschäftigt sind, je mehr fühlen wir, dass wir leben«, dagegen bedeutete »Muße« für ihn »Leblosigkeit«[358]. In seiner Schrift »Über Pädagogik« regte er an, dass bereits »Kinder arbeiten lernen«[359]. Der Schweizer Pädagoge Johann Heinrich Pestalozzi (1746 bis 1827) allerdings warnte schon 1781: »Arbeit ist ohne menschenbildenden Zweck nicht Menschenbestimmung«[360]. Auch Gotthold Ephraim Lessing (1729–1781) gab seiner Skepsis gegenüber der Überbewertung der Arbeit Ausdruck[361].

Die Sicht auf die Arbeit in Zeiten der Industrialisierung: Hegel, Ricardo und Marx

Die im 19. Jahrhundert mit voller Wucht einsetzende Industrialisierung ließ rasch deutlich werden, dass die von den Gründervätern des Liberalismus, insbesondere von Adam Smith entworfene Vision einer Bündnissituation zwischen

Unternehmer- und Arbeiterschaft nicht den Realitäten entsprach. Zwar bestätigte sich die von John Locke, David Hume und Adam Smith erkannte Tatsache, dass es die Arbeit sei, die Produkten ihren Wert verleihe, uneingeschränkt. Nicht erfüllen sollte sich jedoch die von Adam Smith explizit formulierte Erwartung, dies werde zu allseitigem Wohlstand führen. Der Grund hierfür war, dass die Arbeit selbst zu einer (allerdings billigen) Ware wurde, was nicht ohne Folgen für ihren Preis – das heißt für die Höhe des Lohnes – bleiben konnte.

Der britische Ökonom David Ricardo (1772–1823), der als ein Vordenker des nur wenige Jahre später geborenen Marx angesehen wird, war der Erste, der zwischen einem »natürlichen Preis« und einem variablen »Marktpreis« von Waren unterschied[362]. Entsprechend stellte er bei den Löhnen einem »natürlichen Lohn« einen »Marktlohn« gegenüber[363]. Dass durch Macht- und Marktmechanismen niedergehaltene, ausbeuterische Löhne einen systematischen Widerspruch zwischen Kapital und Arbeit erzeugen, formulierte jedoch erst der deutsche Ökonom und Philosoph Karl Marx (1818–1883).

Ausbeuterische Löhne waren nicht die einzige Ursache dafür, dass die Arbeit für Millionen von Menschen in den Industriebetrieben des 19. Jahrhunderts zu einer Jahrzehnte andauernden Qual wurde. Eine vergleichbare Bedeutung für das in der Arbeit erlebte Elend hatte eine teilweise ins Extrem getriebene Arbeitsteilung und der auf breiter Front stattfindende Einsatz von Menschen an Maschinen[364].

Karl Marx war nicht der Erste, der die Monotonie und Sinnentleerung beklagte, die sich aus der Mechanisierung der Arbeit ergab. Bereits der Philosoph Georg Wilhelm Friedrich Hegel (1770–1831) bemerkte, die Arbeit an der Maschine mache den Menschen »mechanischer, abgestumpfter, geistloser«. »Fabriken«, so der schwäbische, in Berlin lehrende Philosoph, »gründen auf das Elend einer Klasse ihr Bestehen«[365]. Karl Marx beklagte die Entmenschlichung der Arbeit durch Mechanisierung und Monotonie als »Entfremdung«. Der US-amerikanische Ingenieur Frederick Taylor (1856 bis 1915) verfolgte, wie schon erwähnt, das Ziel, Arbeiter für ihren Dienst an der Maschine durch genaue Vorgaben der Bewegungsabläufe und der dafür zur Verfügung stehenden Sekunden sozusagen zu optimieren[366]. Das Konzept des »Taylorismus«, welches in vielen Fabriken des 19. und 20. Jahrhunderts eingeführt wurde und derzeit in einigen Branchen eine Wiedergeburt erlebt[367], macht den Menschen selbst zu einer Maschine.

Karl Marx sah die Notwendigkeit, die Bedingungen, unter denen Menschen im 19. Jahrhundert arbeiten mussten, grundlegend zu verändern. Er wollte sich allerdings nicht mit Hegels Erwartung zufriedengeben, ein »Werden des Geistes« werde letztlich aus dieser Misere herausführen[368]. Als das eigentliche Grundübel erkannte Marx die krassen, ungerechten Eigentums- und Machtverhältnisse seiner Zeit, welche die Arbeiterschaft in den Industrieländern von jeglicher Partizipation abschnitten. Seine strategischen Empfehlungen, wie dieser unhaltbare, weil menschenunwürdige Zustand zu beenden sei[369], wurden zum theoretischen Fundus sozialdemokratischer, sozialistischer und kommunistischer Parteien.

Paul Lafargues Revolte gegen die »Arbeitssucht«

Wir haben gesehen, welche Bedeutungen der Arbeit für das Leben des Menschen zugeschrieben wurden, nachdem sie von ihren religiösen Kontexten befreit war, in die sie bis in die Zeit der Reformation hinein verpackt worden war. John Locke sah den Sinn der Arbeit – neben der Selbsterhaltung des Menschen – in ihrem persönliche Identität und menschliche Vernunft stiftenden Potenzial. Auch Georg Wilhelm Friedrich Hegel verortete die Arbeit nicht nur im »System der Bedürfnisse«, er maß ihr auch eine Rolle bei der Bildung eines geistigen Ichs zu[370]. Karl Marx schließlich war nicht nur ein radikaler Befürworter der Interessen der Arbeitenden, ebenso konsequent vertrat er die Notwendigkeit der Arbeit an sich (wobei er die Beseitigung ihrer Entfremdung voraussetzte). Er sah, sich auf Hegel beziehend, den »Menschen als Resultat seiner eignen Arbeit«. »Die ganze sogenannte Weltgeschichte« betrachtete Marx als »nichts anderes als die Erzeugung des Menschen durch die menschliche Arbeit«[371].

Von der Arbeit als »ewiger Naturnotwendigkeit« (Marx) war es nicht weit zur allgemeinen Arbeitspflicht, wie sie sowohl von der Sozialdemokratie (im Gothaer Programm von 1875) als auch im Kommunismus (siehe das bereits oben erwähnte Zitat Lenins) gefordert wurde. Dieser linke Rigorismus mag überraschen, folgte aber durchaus einer historischen Logik: Nachdem man die parasitäre Existenz des Adels und des kapitalistischen Unternehmertums angeprangert hatte, musste man nun der Pflicht zur Arbeit konsequenterweise sozusagen die Treue halten.

Eine der wenigen linken Stimmen des 19. Jahrhunderts, die kritisierte, dass das sozialistische Lager dabei war, die

Arbeit, also paradoxerweise ausgerechnet das zur Pflicht zu erklären, was ihr zuvor gnadenlos aufgezwungen worden war, war die des Schwiegersohns von Karl Marx, Paul Lafargue (1842–1911). Obwohl selbst alles andere als faul, postulierte er in einer erstmals 1880 erschienenen Polemik »Das Recht auf Faulheit«[372]. Der in Kuba geborene, mit seiner Familie 1851 nach Frankreich übersiedelte Lafargue studierte dort Medizin. Er schloss sich der Arbeiterbewegung an. Er war 1866 Mitglied des Generalrates der Internationalen Arbeiter-Association und 1871 für die (später niedergeschlagene) Pariser Kommune aktiv[373]. Im zeitweiligen Londoner Exil lernte er Laura, eine der Töchter von Karl Marx kennen. 1891 bis 1893 war Lafargue Abgeordneter im französischen Parlament[374].

Obwohl er später bevorzugt von Exzentrikern zitiert wurde, war Lafargue selbst durchaus kein Spinner. Er sah die Gefahr, dass sich die Arbeiterbewegung die rigide kapitalistische Arbeitsmoral, die er als »Kopie der christlichen Moral« bezeichnete, zu eigen machen könnte. Er verwies auf die gesundheitlichen Folgen der »für den Organismus mörderischen Überarbeit«. Manche Aussagen aus seiner Polemik klingen durchaus modern: »Können die Arbeiter«, klagte er, »denn nicht begreifen, dass dadurch, dass sie sich mit Arbeit überbürden, sie ihre und ihrer Nachkommenschaft Kräfte erschöpfen, dass sie, abgenutzt, vorzeitig arbeitsunfähig werden[375], dass sie aufgesogen und abgestumpft von einem einzigen Laster [gemeint ist die Arbeit], nicht mehr Menschen sind, sondern menschliche Wracks, dass sie alle schönen Anlagen in sich abtöten, nur um der rasenden Arbeitssucht willen?«[376]

Dass die menschliche Arbeit zur »Arbeitssucht« werden kann, ist keine Spezialität unserer modernen Zeit[377]. Bereits

Seneca (er wurde um die Zeitenwende geboren und musste sich im Jahre 65 n. Chr. auf Befehl des Kaisers Nero das Leben nehmen), einer der Philosophen des antiken Rom, erkannte, dass es Personen gebe, denen »Mühe und Schafferei ein Genuss« seien. Um Depressionen zu vermeiden, so der Stoiker Seneca, »muss man die ständige Hektik einschränken, die einen großen Teil der Menschen in Atem hält«[378].

Mit seiner Polemik gegen die Arbeitsbesessenheit befand sich Paul Lafargue also durchaus in ehrenwerter Gesellschaft. Skepsis gegenüber einer unkritischen Begeisterung für den Wert der Arbeit lässt sich nicht nur bei den Denkern der römischen Stoa, sondern auch bei einigen Denkern unserer Epoche finden. Friedrich Nietzsche (1844–1900) verhöhnte die »atemlose Hast der Arbeit«, die oft nur dem Zweck diene, ein »gutes Gewissen« herzustellen, und die aus unserer Zeit ein »Zeitalter der Arbeit« gemacht habe[379].

Auch der im Jahre 1950 mit dem Literaturnobelpreis ausgezeichnete britische Philosoph und Mathematiker Bertrand Russell (1872–1970) verfasste ein »Lob des Müßiggangs«[380]. »Ich glaube«, lässt sich dieser Gelehrte vernehmen, »dass in der Welt viel zu viel gearbeitet wird, dass die Überzeugung, Arbeiten an sich sei schon vortrefflich und eine Tugend, ungeheuren Schaden anrichtet.« Die Auffassung vom Selbstwert der Arbeit stamme aus vorindustrieller Zeit, als man Bauern zunächst »mit nackter Gewalt gezwungen [habe], mehr zu produzieren und den Überschuss herzugeben«. Dann aber sei man erfolgreich dazu übergegangen, Menschen »dazu zu bewegen, sich eine Ethik anzueignen, die ihnen harte Arbeit zur Pflicht machte«. Die Tendenz, »in der Tugend der Werktätigen einen Selbstzweck« zu sehen, sah Russell selbst in sozialistischen Staaten verbreitet[381].

Paul Lafargue, Friedrich Nietzsche oder Bertrand Russell ging es nicht darum, das Kind mit dem Bade auszuschütten und die Bedeutung der menschlichen Arbeit zu schmälern oder gar infrage zu stellen, im Gegenteil. Nietzsches Vorstellung war es, in der Arbeit könne »die genuine Dynamik des Vitalen«[382] zum Ausdruck kommen. Auch Lafargue und Russell betonten die positive Bedeutung der Arbeit sowie das materielle und moralische Elend ungewollter Arbeitslosigkeit. Für Russell war auch klar, »dass jeder Mensch etwas zum Ausgleich für Kost und Wohnung leisten [sollte]. Insoweit«, fährt er fort, »muss man die Verpflichtung zu arbeiten anerkennen, aber nur insoweit«[383]. Ganz konkret plädierten Lafargue und Russell für eine auf drei bis vier Stunden täglich reduzierte Arbeitszeit. Worum es allen drei Autoren (und dem bereits oben erwähnten Seneca) aber ging, war, in einer anscheinend von Arbeitsbesessenheit erfassten Welt den klaren Blick wieder auf das zu richten, was das Leben außerhalb der Arbeit lebenswert machen kann und machen sollte: Die Muße. Der »Kult mit der Tüchtigkeit« habe die Fähigkeit des Menschen verschüttet, »sorglos und verspielt zu sein«, denn »wer zeit seines Lebens täglich lange gearbeitet habe, wird sich langweilen, wenn er plötzlich untätig sein muss«.[384]

Der Vorstellung Russells, dass viele erst wieder lernen müssten, die Vergnügen und einfachen Freuden des Lebens wiederzuentdecken, kann man schwerlich widersprechen.

Fantastik versus Erdung:
Die Arbeit bei Ernst Jünger und Hannah Arendt

Nachdem Ernst Jüngers und Hannah Arendts Sicht der menschlichen Arbeit bereits am Ende des ersten Kapitels kurz ge-
streift wurde, kehren wir jetzt nochmals zu diesen beiden
Denkern zurück. Bei Bertrand Russell findet sich im Zusammenhang mit der menschlichen Arbeit ein nur am Rande auf-
tauchender, von ihm nicht weiter vertiefter Gedanke über
»die neue Freude an der Technik und unser Schwelgen in er-
staunlichen Möglichkeiten, das Antlitz der Erde kunstvoll zu
verändern«.[385] Russell spricht hier einen Gedanken an, der in
dem von Ernst Jünger (1895–1998) entworfenen Konzept der
menschlichen Arbeit eine zentrale Rolle zu spielen scheint.
Ernst Jünger hat das Denken der Generation unserer Väter
und Großväter in einer Weise geprägt, die bis in unsere heutige Zeit hineinwirkt[386].

Die Arbeit war für Ernst Jünger, der insoweit einen Gedan-
ken Friedrich Nietzsches aufnahm, Ausdruck der primären
Vitalität des Menschen und seines »Willens zur Macht«. Für
Jünger war »der Arbeitsraum unbegrenzt, ebenso wie der
Arbeitstag 24 Stunden umfasst«. Jüngers Vorstellung von der
Arbeit war eine totalitäre: »Das Gegenteil von Arbeit ist
nicht etwa Ruhe oder Muße, sondern es gibt unter diesem
Gesichtswinkel keinen Zustand, der nicht als Arbeit begriffen
wird.«[387] Im Vordergrund stand für Jünger der »Aufberei-
tungs-, Zerstörungs- und Bemächtigungscharakter«[388] der Arbeit. So verstandene Arbeit bedeutete für ihn, der zur Zeit
der Abfassung seines Textes »Der Arbeiter« mit Adolf Hitler
und den Nationalsozialisten sympathisierte, die »totale Mo-
bilmachung«, die Zerstörung der bürgerlichen Gesellschaft

samt ihrer Werte und den Abschied von Mäßigung und besonnener Vernunft. Arbeit war für ihn das Potenzial, jede Vorstellung Wirklichkeit werden lassen zu können, und sei sie noch so fantastisch.

Einen Gegenpol zu Ernst Jüngers fantastischer Vision der Arbeit bilden, wie bereits im ersten Kapitel ausgeführt wurde, die Gedanken der Philosophin Hannah Arendt (1906–1975). Sie unterschied zwischen »Arbeit« und »Herstellung«[389]. Unter »Arbeit« verstand sie den Vollzug eines Kreislaufprozesses zwischen Mensch und Natur, dessen Ziel die Befriedigung biologisch begründeter Bedürfnisse des Menschen einschließlich seiner Fortpflanzung sei: Der Mensch müsse sich als »animal laborans«[390] »die Welt … erkennbar … und verwendbar machen, um sich in geplanter und sachgemäßer Arbeit das zu beschaffen, was er braucht und was niemals schon zur Verfügung steht«[391]. In einem »Stoffwechsel mit der Natur« werden Produkte erzeugt, verwertet, verfallen dann und werden an die Natur zurückgehen.

Der von Hannah Arendt so definierte Prozess der »Arbeit« weist drei Merkmale auf: Erstens sei alle Arbeit durch die menschliche Bedürftigkeit »geerdet« und an dieser orientiert; zweitens sei Arbeit ein prinzipiell unendliches, weil ewig zirkuläres Geschehen und werde von Wachstum und Verfall begleitet[392]; drittens schließlich verweise die Arbeit den Menschen, weil er selbst Teil des zirkulären Geschehens sei, auf seine eigene Vergänglichkeit, auf seinen Tod.

»Herstellung« definiert Hannah Arendt – im Gegensatz zur »Arbeit« – als das Anfertigen von haltbaren Produkten (Werkzeuge, Geräte, Instrumente, Kunst- und Bauwerke), die also *nicht* dem Kreislauf der Arbeit unterliegen[393]. Indem er etwas herstelle, werde der Mensch vom »animal laborans«

zum »homo faber«. Kennzeichnend für das menschliche »Herstellen« sind nach Arendt drei Merkmale: Erstens sei die »Herstellung« eingebettet in das Bestreben des »homo faber«, Bleibendes zu schaffen und damit die eigene Vergänglichkeit zu überwinden; zweitens sei mit dem Prozess der Herstellung der Erwerb von praktischem und wissenschaftlichem Wissen und der Fähigkeit zum vernünftigen Denken verbunden (ein bereits von John Locke geäußerter Gedanke). Wie die hergestellten (dauerhaften) Produkte, so überwinde auch das Wissen die Vergänglichkeit[394]; drittens aber bleibe für den herstellenden Menschen »der Herstellungsprozess, wie wichtig er auch sein mag, durchaus Mittel zum Zweck«[395], er bleibt bei Hannah Arendt also – im Gegensatz zum oben dargestellten, von Ernst Jünger vertretenen Konzept – an der Bedürftigkeit des Menschen orientiert und damit sozusagen »geerdet«.

Arbeit als »schwieriges Gut«: Johannes Paul II. und seine Enzyklika »Laborem exercens«

Abschließend erwähnt sei eine 1981 vom seinerzeitigen, aus Polen stammenden Papst Johannes Paul II. (1978–2005)[396] verfasste, dem Thema der menschlichen Arbeit gewidmete Enzyklika[397]. Johannes Paul II. hat – unter anderem mit dieser Enzyklika – die 1980 aus spontanen Streiks heraus entstandene polnische Arbeiterbewegung »Solidarność« unterstützt und begleitet. Ungeachtet vieler schwer zu verstehender dogmatischer Positionen und zahlreicher aktueller Missstände, die in der katholischen Kirche zu beklagen sind, erscheint mir diese Enzyklika als ein herausragendes Dokument, da sie eine Standortbestimmung der menschlichen Arbeit vornimmt, in der die Würde und die Rechte des arbeitenden Menschen in den Mittelpunkt gestellt sind, wobei ihr Autor mit deutlicher Kritik sowohl an den Fehlentwicklungen des Kapitalismus als auch an den Fehlern der autoritär-diktatorischen Systeme der seinerzeitigen sozialistischen Staaten Osteuropas nicht spart.

Johannes Paul II. definierte in »Laborem exercens« die Arbeit als eine anthropologische, zum Menschsein gehörende Konstante, der Mensch sei »zur Arbeit berufen«, die Arbeit sei »Kennzeichen« und eine »grundlegende Dimension« der menschlichen Existenz. Er definiert sie als Quelle der Befriedigung menschlicher Bedürfnisse, als mitmenschliche Pflicht (z.B., um die eigene Familie zu erhalten oder Notleidende unterstützen zu können), als Wegweiser, »auf geordnete und rationale Weise zu handeln« und als Chance der persönlichen Selbstverwirklichung[398]. Diese Funktionen seien der Grund für die sich aus der Arbeit ableitende, jedem arbeitenden Menschen zustehende Würde.

Theologisch legitimiert sieht der Autor den Auftrag zur Arbeit durch den in der Enzyklika mehrfach zitierten Auftrag aus der Schöpfungsgeschichte, der Mensch solle sich die Erde untertan machen. Johannes Paul II. macht allerdings auch deutlich, dass die Arbeit dem Menschen nicht nur Würde verleihe, sondern auch eine Quelle von Mühe und Leiden sei. Die Arbeit sei daher ein »schwieriges Gut«. Die Analyse des durch Arbeit ausgelösten Leidens und seiner Ursachen bildet den Kern der Enzyklika.

Die Enzyklika benennt, analysiert und kritisiert sämtliche Spielarten der Erniedrigung, die dem Menschen durch die Arbeit und durch Arbeitslosigkeit widerfahren können. Unter der Vorgabe, dass die Arbeit für den Menschen da zu sein habe und nicht umgekehrt, thematisiert die Enzyklika wirtschaftliche wie nicht materielle Formen der Ausbeutung, analysiert die negativen Aspekte der Automatisierung, insbesondere die dadurch erzeugte Beschleunigung der Arbeit, vor allem aber das Fehlen von Partizipation und Mitbestimmung der Arbeitenden. Die Enzyklika kritisiert die sowohl im kapitalistischen System wie auch in den seinerzeitigen staatssozialistischen Systemen gegebene Einengung des Blicks auf die objektiven Aspekte der Arbeit (Rentabilitätsaspekte, Lohnkosten, Gehälter), allerdings ohne diese für irrelevant zu erklären. Sie betont jedoch den Vorrang der subjektiven Aspekte der Arbeit, indem sie fordert, den Blick auf die Person, auf die zu bewahrende Würde des arbeitenden Menschen und auf die Voraussetzungen zu richten, die dafür am Arbeitsplatz und im politischen Raum zu schaffen sind. Um dies zu erreichen, bedürfe es immer wieder »neuer Bewegungen von Solidarität der Arbeitenden und mit den Arbeitenden«. Nachdrücklich unterstrichen wird von Johannes Paul II. dabei die unersetzliche Rolle der Gewerkschaften[399].

Wiederholt thematisiert die Enzyklika die krassen globalen Wohlstandsunterschiede zwischen wohlhabenden und armen Ländern (und deren besonders ausbeuterische Arbeitsbedingungen), wobei sie sowohl den Gruppenegoismus der entwickelten Länder als auch die entwicklungshemmenden, feudalen oder undemokratischen Strukturen der Entwicklungsländer selbst kritisiert. Sie betont die entscheidende Rolle, welche Erziehungs- und Bildungssysteme – sowohl in den entwickelten wie den unterentwickelten Ländern – für die wirtschaftliche Entwicklung und für die Sicherstellung humaner Arbeitsbedingungen spielen.

Die von Lessing, Lafargue und Russell gestellte Frage allerdings, welche Bedeutung ein Leben jenseits der Arbeit für den Menschen haben kann und haben sollte, wird – ähnlich wie bei den meisten Autoren aus dem liberal-kapitalistischen und linken Lager – lediglich am Rande thematisiert. Zwar verweist die Enzyklika auf die Bedeutung der Ruhe, reduziert diese aber auf die Funktion der Erholung nach getaner Arbeit (und damit auf eine Voraussetzung für weitere Arbeit)[400]. Eine Sehnsucht des Menschen nach einem Verweilen in einem aus sich selbst heraus legitimen Zustand der Muße findet in der Enzyklika keine Erwähnung. Stattdessen wird Jesus Christus ausdrücklich als »ein Mann der Arbeit« bezeichnet, »wenn wir auch«, so die hinzugefügte Einschränkung, »in seinen Worten keine besondere Ermahnung zur Arbeit finden, sondern einmal sogar ein Verbot übertriebener Sorge um Arbeit und Unterhalt«[401].

Letztlich scheint es dem seinerzeitigen Papst nicht besser gegangen zu sein als vielen anderen Denkern vor und nach ihm: In einer Welt, in der viele leiden, weil sie keine Arbeit finden, und noch mehr, weil sie aus wirtschaftlichen Gründen gezwungen sind, unter unwürdigen Bedingungen tätig zu sein oder mehr zu arbeiten als gesundheitlich vertretbar, scheint es nur schwer möglich zu sein, ohne Schuldgefühle darüber zu sprechen, dass es für den Menschen jenseits der Arbeit noch andere wichtige Lebensinhalte geben könnte[402].

7

Personale, betriebliche und politische Perspektiven und die Bedeutung der Erziehung

Die Suche nach der Freude und dem Sinn, den die Arbeit dem Menschen vermitteln kann, beginnt mit der einem Menschen zugebilligten Würde. Wie soll jemand, dem vermittelt wurde, wertlos zu sein und für andere keine Bedeutung zu haben, zu der Einschätzung kommen, dass das, was er oder sie beruflich tut, etwas Gutes, Bedeutsames und Sinnvolles sei? Eine wichtige persönliche Voraussetzung für die Freude an der Arbeit ist daher, dass wir uns ins Bewusstsein rufen und uns gegenseitig darin bestärken, dass jeder Mensch einen Wert und einen Anspruch auf Würde und Respekt besitzt. Wem Würde und Respekt verweigert werden, der wird auch seine Arbeit als wert- und sinnlos erleben. Wer ungeachtet dessen gezwungen ist, zu arbeiten, wird am Ende krank werden.

Menschen brauchen Resonanzmomente zwischen sich und der Welt, in der sie leben[403]. Resonanzerfahrungen sind eine wichtige Quelle für die Freude an der Arbeit. Wem am Arbeitsplatz etwas gelungen ist, erlebt Selbstwirksamkeit, das heißt, er erfährt die Wirksamkeit seines eigenen Tuns, was wiederum eine Resonanzerfahrung zur Folge haben kann. Viele Beschäftigte – aber auch viele Unternehmer oder Vorgesetzte – achten nicht auf die bei der Arbeit gegebenen

Chancen, Resonanz- oder Selbstwirksamkeitserfahrungen möglich zu machen. Manchmal muss man derartige Möglichkeiten erst entdecken. Nicht jeder Arbeitsplatz bietet jedem die Möglichkeit, Resonanz oder Selbstwirksamkeit zu erleben. Voraussetzung ist, dass Mensch und Arbeitsaufgabe zueinander passen. Tun sie das nicht, dann sollte untersucht werden, was die Person selbst tun kann und was am Arbeitsplatz verändert werden sollte, damit eine hinreichende Passung hergestellt wird. Arbeitsplätze, bei denen eine Passung beim besten Willen nicht hergestellt werden kann, müssen völlig neu eingerichtet oder abgeschafft werden.

Auch die Einpassung der Berufstätigkeit in einen lebensgeschichtlichen Zusammenhang ist eine der Voraussetzungen dafür, dass die Arbeit einen Beitrag zu einem guten Leben leisten kann. Die Chancen, eine zusammenhängende berufliche Laufbahn zu durchlaufen, sind in den letzten Jahren zurückgegangen. Auf dem Vormarsch sind Arbeitsangebote, die Richard Sennett »McJobs« nannte[404]. Berufliche Wege, die eine Entwicklung ermöglichen, sind in mehrfacher Hinsicht sinnvoll. Wenn sich über Jahre angesammeltes Erfahrungswissen zu einem späteren Zeitpunkt auszahlt, haben Beschäftigte ein Motiv, das zu entwickeln, was Richard Sennett eine »handwerkliche Einstellung« nannte, was bedeutet: eine Sache um ihrer selbst willen »gut« machen. Und: Nur unter Bedingungen, die eine kontinuierliche berufliche Planung ermöglichen, sind junge Leute bereit, eine Familie zu gründen.

Zum Abschluss des Buches soll ausgeführt werden, welche Beiträge von unterschiedlicher Seite für das Gelingen guter Arbeit zu leisten sind. Beiträge dazu müssen von der Person des Beschäftigten, von der jeweiligen Kollegen-Gemeinschaft der Beschäftigten, von der Führungsebene, von der betrieblichen Gesundheitsvorsorge sowie von Gewerkschafts- und von Arbeitgeberseite kommen. Außerhalb von Betrieben und Einrichtungen, in denen gearbeitet wird, sind zwei Bereiche von Belang: das Feld der Politik und das der Erziehung und Ausbildung. Entsprechend wird nachfolgend versucht, eine Reihe von Aspekten anzusprechen, die mit diesen, zum Bereich der Arbeit gehörenden Dimensionen verbunden sind.

Innere Einstellung und Verhalten am Arbeitsplatz

Wer als Arzt oder Psychologe mit Menschen zu tun hatte, die am Arbeitsplatz gesundheitlich belastet, von einem Burn-out-Syndrom oder einer Depression bedroht waren, wird rasch zu der Erkenntnis kommen, dass es unsinnig ist, Beschäftigten – wie dies viele Ratgeber tun – bestimmte Verhaltensrezepte zu empfehlen. Worauf es im Berufsleben ankommt, sind *Balancen*. Wer in einer beruflichen Problemlage steckt, dem helfen keine Entweder-oder-Strategien, sondern ein Suchen nach Gleichgewichten zwischen jeweils zwei Polen des Fühlens, des Denkens und des Verhaltens. Ein erstes Beispiel, an dem dies deutlich wird, ist die wichtige Frage der persönlichen *Identität:* Darf ich am Arbeitsplatz sein, wie ich bin (oder wie ich meine, dass ich bin), oder muss ich – der beruflichen Rolle wegen – meine Identität verbergen?

Alle Berufe erfordern eine Anpassung des eigenen Verhaltens an die berufliche Rolle. Dies ist unausweichlich, bedeutet aber nicht, dass Beschäftigte verpflichtet sind, ihre persönliche Art, ihre Freundlichkeit, ihre gute Laune, ihren Charme oder ihren Humor bei Arbeitsantritt im Garderobespind ablegen. Nicht persönliche Identität *oder* berufliche Rolle, sondern die *Balance* zwischen beiden muss stimmen. Leider gehört eine übertriebene Sachlichkeit bis hin zur gepflegten schlechten Laune an vielen Arbeitsplätzen immer noch zum »guten Ton«. In manchen Teams macht man sich sogar verdächtig, wenn man Freude an der Arbeit hat (Vorgesetzte oder Kollegen könnten dann womöglich mutmaßen, der oder die Beschäftigte habe nicht genug zu tun!). Am Arbeitsplatz sollte eine freundliche Stimmung herrschen, zu der auch Vorgesetzte ihren Beitrag leisten sollten.

Eine weitere, die Einstellung der Person des Beschäftigten betreffende Balance betrifft die *Identifikation* mit der beruflichen Aufgabe: Wie stark soll ich in meiner beruflichen Aufgabe aufgehen, und wie viel Abstand sollte ich zu ihr halten? Diese Balance ist mit Blick auf die Gefahr, eine Erschöpfung, ein Burn-out-Syndrom oder eine depressive Erkrankung zu erleiden, besonders bedeutsam. Wer sich mit seiner Arbeit identifiziert, macht sie zu seinem persönlichen Anliegen, berufliche Erfolge sind für eine solche Person wichtig, Misserfolge versetzen sie in Stress. Das Gegenstück zur Identifikation ist die sogenannte Distanzierungsfähigkeit, also die Fähigkeit, gut abschalten zu können, den Kopf von Gedanken an die Arbeit frei zu bekommen und sich dementsprechend dann anderen Dingen widmen zu können.

Kollegen, die 110-prozentig engagiert, aufopferungsbereit, manchmal auch etwas perfektionistisch sind und die schlecht »Nein« sagen können, wenn sie um die Übernahme von weiterer Arbeit gebeten werden, überladen sich mit Arbeit und sind daher meistens gezwungen, abends und am Wochenende Teile ihres Privatlebens für die Arbeit zu opfern. Auf der anderen Seite gibt es die jederzeit entspannten, zur Bequemlichkeit Neigenden, die scheinbar nichts aus der Ruhe bringen kann. Sie tun, was ihre Pflicht ist, und lassen sich nichts zuschulden kommen, besitzen aber die wunderbare Gabe, sich unsichtbar zu machen, sobald besonderes Engagement gefordert oder zusätzliche Arbeit zu übernehmen ist. Überidentifizierte Kollegen sollten, um langfristig gesund zu bleiben, lernen, »nein« zu sagen, ihr Arbeitspensum zu reduzieren (wobei sie von klugen Vorgesetzten unterstützt werden sollten) und ihr Privatleben zu beleben. Kollegen ohne Identifikation mit dem Beruf verspielen etwas Wichtiges, denn sie erleben weder Resonanz noch Selbstwirksamkeit. Solche Kollegen sollten ermutigt werden, sich auf die Arbeit stärker einzulassen.

Worauf es am Arbeitsplatz ankommt, ist eine *Balance* zwischen Engagement und Distanzierungsfähigkeit. Der Gesundheit zuträglich ist es, bei der Arbeit voll bei der Sache zu sein, zugleich aber auch auf die Einhaltung von Pausen zu achten, sich nicht zu viel aufbürden zu lassen, die Zahl der Überstunden zu begrenzen[405], »nein« zu sagen, wo nötig, und am Feierabend den Kopf von Gedanken an die Arbeit frei zu machen. Menschen, die mit ihrem Beruf überidentifiziert sind, finden aus ihrer Arbeitsbesessenheit oft erst dann heraus, wenn sie durch Gesundheitsprobleme, meistens durch Kreislauf- oder Herzbeschwerden, durch ein Burn-out-Syndrom oder durch eine Depression dazu gezwungen werden. Viele mit dem Beruf überidentifizierte Personen zeigen eine regelrechte Arbeitssucht und erleben, wenn sie endlos arbeiten dürfen, eine Art »Pflichtrausch«. Abstinenz von der Arbeit ist für diese Menschen unmöglich geworden, denn, wie schon Bertrand Russell erkannte, »wer zeit seines Lebens täglich lange gearbeitet hat, wird sich langweilen, wenn er plötzlich untätig sein soll«[406]. Was mit ihrem Beruf überidentifizierten Menschen verloren gegangen ist, ist die wichtige *Fähigkeit zur Muße:* zum zwecklosen Innehalten, Verweilen und Träumen, zur kontemplativen Aufmerksamkeit, zum ehrgeizlosen Spiel und zur zwanglosen Gemeinschaft mit Freunden.

Voraussetzung für ein erfüllendes Leben außerhalb der Arbeit ist eine hinreichende Trennung von Beruf und Privatleben. Nach einer 2011 durchgeführten, repräsentativen Umfrage werden 27 Prozent der Beschäftigten von ihrem Arbeitgeber auch außerhalb der Arbeitszeit »oft«, teilweise sogar »sehr häufig« kontaktiert. Mehr als jeder Siebte erledigt, der gleichen Umfrage zufolge, regelmäßig auch außerhalb der Arbeitszeit berufliche Aufgaben[407]. Bei vielen Beschäftigten scheint es bei der Trennung zwischen Privatleben und Beruf also erhebliche Probleme zu geben[408]. Auch wenn bei einem Teil der Betroffenen diese ungute Situation vom Arbeitgeber verursacht sein dürfte, so gehören zu einem Arrangement, bei dem Beruf und Privatleben sich fortwährend überschneiden, doch immer zwei. Beteiligt ist nicht nur die Arbeitgeber- oder Vorgesetztenseite, die sich den jederzeitigen Zugriff auf den Arbeitnehmer wünscht, sondern immer auch ein Gegenüber.

Meine Erfahrungen mit Patienten zeigen, dass viele eine derartige Inanspruchnahme ohne Not zugelassen oder sie gar gebilligt haben, anstatt in einem frühen Stadium mit dem Arbeitgeber oder Vorgesetzten freundlich, aber auch klar darüber zu sprechen, dass man auf ein ungestörtes Privatleben angewiesen ist, um am Arbeitsplatz dann auch wieder gute Leistung bringen zu können. Dies bedeutet, der Versuchung zu widerstehen, einer permanenten Erreichbarkeit für den Arbeitgeber oder Vorgesetzten zuzustimmen, nur um sich möglicherweise aufgewertet oder besonders »wichtig« zu fühlen. Eine solche »Ehre« muss, jedenfalls auf Dauer, teuer bezahlt werden.

Voraussetzung für ein Privatleben, welches diese Bezeichnung verdient, ist, außerhalb der Arbeitszeit den Kopf frei zu haben und Gedanken an noch nicht erledigte berufliche Aufgaben oder Probleme abschalten oder wirksam verdrängen zu können. Auch dies fällt vielen Menschen schwer. In der erwähnten, 2011 durchgeführten repräsentativen Umfrage gaben 34 Prozent der Beschäftigten an, nach der Arbeit nicht abschalten zu können, ebenso viele sagten, sie seien gedanklich auch zu Hause regelmäßig mit Problemen am Arbeitsplatz beschäftigt. Der richtige Weg zum Abschalten ist weder die Zigarette noch ein Glas Alkohol, auch keine Tablette. Das am besten wirksame Mittel, um nach Feierabend oder am Wochenende den Kopf frei zu bekommen, ist der Sport, insbesondere das anstrengungsfreie Gehen, Joggen, Radfahren oder Schwimmen. Ebenso gut wirkt Yoga, von dem viele fälschlicherweise annehmen, es handele sich um eine Art bewegungsarme Meditation. Yoga, das in unterschiedlich anstrengenden Varianten angeboten wird, ist eine – mit einer besonderen Achtsamkeit gegenüber dem eigenen Körper verbundene – Gymnastik. Yoga kann auch von unsportlichen Menschen ausgeübt werden. In besonders anspruchsvollen Varianten (z. B. beim sogenannten Ashtanga-Yoga) kommen die Teilnehmer allerdings schwer ins Schwitzen.

Ein für die Gesundheit am Arbeitsplatz wichtiger Bereich, der zur persönlichen Verantwortung von Beschäftigten gehört, ist der Umgang mit Medien. Wer regelmäßiger und dankbarer Anwender der durch das Internet und andere Medien geschaffenen Möglichkeiten der Information und Kommunikation ist, wird sich nicht jenen Puristen anschließen, die den Bildschirm für ein Werk des Teufels halten und militant bekämpfen. Dennoch wäre es naiv, nicht über die durch Studien gesicherte Tatsache zu sprechen, dass der Aufenthalt am Bildschirm für viele Menschen (nicht nur für Berufstätige, sondern auch für Kinder und Jugendliche) zu einer Gefahr für die eigene Gesundheit geworden ist[409].

Der erste Aspekt betrifft den Schlaf. Unser Gehirn braucht den Schlaf, um regelrecht zu funktionieren, insbesondere um – dies wurde in Studien eindeutig gezeigt – unser Gedächtnis funktionstüchtig zu halten und am Tag anfallende Probleme gut lösen zu können. Jeder Erwachsene benötigt etwa sieben bis acht Stunden Schlaf täglich (Kinder unter zwölf Jahren brauchen etwa zehn Stunden täglich). Menschen, die außerhalb der Arbeitszeit einen hohen Bildschirmkonsum haben, sind vor allem abends und nachts (und natürlich auch am Wochenende) aktiv. Viele sind das Opfer einer regelrechten Bildschirmsucht. Wer den Schlaf dem nächtlichen Bildschirmkonsum opfert, ruiniert seine berufliche Leistungsfähigkeit und zugleich auch seine realen sozialen Beziehungen, die durch virtuelle, nur durch das Internet vermittelte Kontakte nicht ersetzt werden können.

Eine intensive Nutzung der Bildschirmmedien hat, vom Risiko des Schlafmangels abgesehen, möglicherweise noch weitere Effekte auf das Gehirn. Wer in einem Zoo das Revier der Rhesusaffen besucht hat, wird sich an die Beobachtung erinnern, dass die meisten dieser Tiere, wenn sie sich im Freien aufhalten, in permanenter Unruhe sind. Mit unruhigem Blick suchen sie fortlaufend ihre gesamte Umgebung ab, wachsam beobachten sie, was immer sich auch zeigt oder verändert.

Verlassen wir für einen Moment diese Tiere. Erinnern wir uns an eine Situation, in der wir ein drei oder vier Jahre altes Kind beobachtet haben, welches sich völlig selbstvergessen und tief versunken *mit einer einzigen Sache* beschäftigt hat, zum Beispiel seine Puppe untersuchte, mit Figuren eine Situation nachspielte oder damit beschäftigt war, mit Klötzchen etwas aufzubauen. Zwischen der Aufmerksamkeit der Rhesusaffen und jener des versunkenen, konzentriert spielenden Kindes bestand ein gravierender Unterschied. Die Tiere zeigten ein *Verhalten mit breiter, flacher Aufmerksamkeit,* die ihnen (ebenso wie den evolutionären Vorfahren des Menschen) in der freien Wildbahn über Jahrmillionen geholfen hat, zu überleben. Das Kind dagegen zeigte ein *Verhalten mit einer fokussierten, auf einen Punkt gerichteten Aufmerksamkeit.* Der Aufmerksamkeitsmodus des Affen war es, der ihn in freier Wildbahn überleben ließ. Der des Kindes ist es, der es dem Menschen möglich macht, nachzudenken, kreativ zu sein und intelligente Lösungen für schwierige Probleme zu finden. Was bedeutet dies für unser Freizeitverhalten?

Beide Formen der Aufmerksamkeit, die unruhig-flache und die tief-fokussierte, wurden von Hirnforschern sehr genau (mit fokussierter Aufmerksamkeit) analysiert[410]. Die breite und oberflächliche Aufmerksamkeit der Rhesusaffen ist auch uns Menschen nicht unbekannt. Multitasking findet nicht nur am Arbeitsplatz statt, wir praktizieren es auch privat. Wenn wir – wie einst unsere evolutionären Vorfahren in der Savanne – wachsam permanent mehrere Dinge gleichzeitig im Auge behalten müssen (oder wollen), wird ein Gehirnsystem aktiv, das evolutionär sehr alt ist, aber erst in den letzten 15 Jahren entdeckt wurde und welches in Kapitel 2 als »Unruhe-Stresssystem« beschrieben wurde[411]. Die gleichzeitige

Beschäftigung mit mehreren Dingen, mit dem E-Mail-Account, mit dem Handy, mit dem Internet, mit der zu alledem oft mitlaufenden Musik und die breite Aufmerksamkeit, die viele Internetspiele erfordern, aktivieren dieses System. Das »Unruhe-Stresssystem« steht im Verdacht, psychische Störungen (bis hin zur Alzheimerkrankheit) zu begünstigen. Der fokussierte Aufmerksamkeitsmodus des in ein Spiel versunkenen Kindes wird überall dort aktiviert, wo Erwachsene sich konzentriert mit *einer* Aufgabe beschäftigen. Dies ist der Grund, warum wir uns und unserem Gehirn etwas Gutes tun, wenn wir versuchen, das an vielen Arbeitsplätzen herrschende Multitasking einzuschränken, es zumindest aber nicht auch noch im Privatbereich fortzusetzen. Wir sollten die kostbare Zeit unseres Privatlebens nutzen, möglichst oft zu fokussieren: auf ein Buch, ein Brettspiel, das Spiel mit einem Kind, auf das Spielen eines Musikinstruments, auf Musik oder auf ein Gespräch. Auch der Sport bietet solche Fokussierungsmöglichkeiten, zum Beispiel beim Joggen, Schwimmen, Radfahren oder Yoga. Sobald wir unsere Aufmerksamkeit fokussieren, schaltet sich das Unruhe-Stresssystem ab.

Kollegialität und gute Führung

Wer eine Arbeit verrichtet, die hohe Anforderungen an den Beschäftigten stellt und dies in einem kollegialen Umfeld tun muss, welches einem Haifischbecken gleicht, befindet sich in einem Zweifrontenkrieg und wird über kurz oder lang mit hoher Wahrscheinlichkeit krank. *Gegenseitige kollegiale Unterstützung* ist einer der wichtigsten Schutzfaktoren für die Gesundheit am Arbeitsplatz und gegen das Burn-out-Syndrom.

Hier spielen – wieder einmal – neurobiologische Zusammenhänge eine Rolle: Voraussetzung für die Aktivierung des Motivationssystems des menschlichen Gehirns und die Freisetzung seiner Botenstoffe ist soziale Akzeptanz. Wer arbeitet, braucht – nicht nur aus humanitären, sondern auch aus neurobiologischen Gründen – am Arbeitsplatz soziale Unterstützung von Kollegen und Vorgesetzten. Am schnellsten erkranken Berufstätige dort, wo sie weder von ihren Kunden bzw. Klienten noch von Kollegen oder Vorgesetzten Unterstützung erhalten.

Der Einfluss guter oder schlechter Kollegialität – ebenso wie guter oder schlechter Führung – auf die Gesundheit am Arbeitsplatz ist wissenschaftlich erwiesen[412]. Repräsentative Untersuchungen zeigen allerdings, dass sich 31 Prozent aller Beschäftigten in Deutschland von ihren Kollegen/innen *nicht* unterstützt fühlen[413], neun Prozent der Beschäftigten erleben, wie schon erwähnt, am Arbeitsplatz sogar verschiedene Formen von Diskriminierung, 7,5 Prozent erleben innerhalb eines Jahres Belästigungen oder Bedrohungen, fast zwei Prozent erleben sogar körperliche Gewalt[414].

Eine besondere Variante der Diskriminierung ist die in Deutschland als »Mobbing«, in der internationalen Literatur als »Bullying« bezeichnete systematische Schikane gegenüber Kollegen oder Kolleginnen. Untersuchungen bei Klinikpersonal ergaben, dass vier bis fünf Prozent von Bullying betroffen sind[415]. Von Bullying Betroffene haben ein über vierfach erhöhtes Risiko, an einer Depression zu erkranken und tragen ein über zweifach erhöhtes Risiko für Herzerkrankungen[416]. Deprimierend ist, dass Berufstätige, die in ihrer Vorgeschichte eine Depression erlitten haben, ein über zweifaches Risiko haben, von ihren Kollegen/innen zu Bullying-Opfern »ausgewählt« zu werden.

Ein weiteres, in den Zusammenhang der Belästigung am Arbeitsplatz gehörendes und leider weitverbreitetes Problem ist die Anmache von Frauen durch männliche Vorgesetzte oder Kollegen. Zum Spektrum der Belästigungen gehören anzügliche oder bewusst mehrdeutige Bemerkungen, das Erzählen sexistischer Witze, unangemessene körperliche Berührungen bis hin zu Nötigungen, bei denen Frauen berufliche Nachteile angedroht werden, wenn sie sich verweigern, oder Vorteile versprochen werden, wenn sie bestimmten Annäherungswünschen nachkommen. Leider ist vielen Männern immer noch nicht klar, dass keine dieser Verhaltensweisen von Frauen als witzig oder gar charmant wahrgenommen, sondern als Entwürdigung, Belästigung oder Bedrohung empfunden werden. Da Männer – verglichen mit dem weiblichen Geschlecht – eine im statistischen Durchschnitt schlechtere intuitive Fähigkeit besitzen, das Verhalten anderer Menschen richtig zu interpretieren[417], missdeuten manche das freundliche, kollegiale oder hilfreiche Verhalten von Kolleginnen als Einladung zum Flirt. Männer sind gut beraten, sich ihren Kolleginnen oder weiblichen Untergebenen gegenüber fair und kollegial zu verhalten, *am Arbeitsplatz* auf Flirts und jede Form der Anmache aber grundsätzlich zu verzichten.

Vorgesetzte haben einen gewaltigen Einfluss darauf, welches Klima am Arbeitsplatz herrscht. Viele machen ihre Sache ausgezeichnet. Vorgesetzte mit einer schwachen, unsicheren Persönlichkeit haben jedoch – auch wenn sie nach außen oft betont »bossig« auftreten – häufig Angst, nicht die Oberhand zu behalten, wenn sich ihre Mitarbeiter untereinander gut verstehen. Manche neigen dazu, zwischen ihren Mitarbeitern Streit und Konkurrenz zu schüren (in der Hoffnung, dass ihnen zerstrittene Untergebene nicht gefährlich werden können). Eine solche Situation bedeutet, dass innerhalb der Mitarbeiterschaft Intriganten und Denunzianten – in der Regel sind dies die besonders Leistungsschwachen – ihre Chance erkennen, um sich bei solchen Vorgesetzten beliebt zu machen. In Deutschland fühlen sich 53 Prozent der Beschäftigten von ihren Vorgesetzten nicht unterstützt[418]. Auch »Bullying von oben« ist weit verbreitet. Im Rahmen der Veränderungen, die mit dem Aufkommen der bereits erwähnten »Kultur des neuen Kapitalismus«[419] verbunden sind, wurden vielerorts junge Führungseliten eingesetzt, deren soziale Kompetenz oft erhebliche Defizite aufweisen[420]. Robert Hare, ein US-amerikanischer Spezialist im Bereich der Psychopathieforschung, fand, dass der Anteil von Psychopathen unter Führungskräften mit sechs Prozent mehrfach über jenem in der Allgemeinbevölkerung liegt (hier beträgt der Anteil nur 1 %).[421] Unser Wirtschaftssystem scheint vollständig rücksichtslosen, amoralischen Personen einen schnelleren Aufstieg zu ermöglichen als halbwegs normalen Zeitgenossen[422]. Psychopathen in Chefposition richten auf mittlere Sicht nicht nur erheblichen Schaden im Bereich der Mitarbeiterschaft ihrer Betriebe an, sondern beschädigen nicht selten das ganze Unternehmen. Ein Beispiel unter vielen ist »France Telekom«, wo sich nach einem beispiellosen »Psychoterror von oben« – so lautete die Einschätzung der Gewerbeaufsicht – innerhalb kurzer Zeit mehr als 60 Suizide ereignet haben, worauf der inzwischen entlassene und vor Gericht gestellte Konzernchef Didier Lombard von einer »Selbstmord-Mode« sprach[423].

Gute, starke Vorgesetzte fordern Leistung, aber sie spalten nicht, sondern fördern den Zusammenhalt und die Kollegialität ihrer Teams. Warum sollten sie das tun? Erstens, weil Teams, wie wissenschaftliche Studien zeigen, in ihrer Leistung nachlassen, wenn sie einer zu starken Konkurrenz innerhalb der Gruppe ausgesetzt werden[424]; zweitens, weil die Gruppenintelligenz in einem Team sich nicht etwa aus dem Durchschnitt der Einzel-IQs der einzelnen Mitarbeiter ergibt, sondern weil ein Team nur dann eine hohe Problemlösungskompetenz zeigt, wenn die Fähigkeit der Teammitglieder, sich gegenseitig gut zu verstehen, hoch entwickelt ist[425]; und drittens, weil die Förderung gegenseitiger Kollegialität, wie bereits erläutert, die Gesundheit der Mitarbeiter schützt und die Krankenstände niedrig hält.

Besonders interessant ist, dass Stress, wie er in Konkurrenzsituationen auftritt, die Aktivität eines Gens zu hemmen scheint, welches für das gegenseitige Verstehen eine wichtige Rolle spielt. Dies würde – vereinfacht – bedeuten: Von Vorgesetzten angefeuerter konkurrenzbedingter Stress blockiert bei Mitarbeitern ein Gen, welches das gegenseitige Verstehen begünstigt[426]. Da Teams mit geringer Kompetenz im Bereich des gegenseitigen Verständnisses – wie in Studien gezeigt – weniger Problemlösefähigkeiten besitzen, blockieren Vorgesetzte, die ihr Team spalten, auch dessen Leistung. Vorgesetzte sollten sich ihres immensen Einflusses auf diese Zusammenhänge bewusst sein. Wir alle drehen durch die Art, wie wir uns zueinander verhalten, an den Genschaltern unserer Mitmenschen[427], und Vorgesetzte tun das selbstverständlich auch.

Aus neurobiologischer Perspektive geht es für Vorgesetzte am Arbeitsplatz darum, durch einen guten Führungsstil die Motivationssysteme – und auf dieser Grundlage die Leistungsbereitschaft der Beschäftigten – anzusprechen. Dass die Art der Führung wirklich zählt, zeigen Untersuchungen über die sogenannte »Bindung«, die Beschäftigte an ihre Firma haben. Eine hohe emotionale Bindung an die eigene Firma resultiert in einer geringeren Zahl von Abwesenheitstagen, in verminderter Fluktuation und in hoher Arbeitsqualität. Außerdem fühlen sich bei Beschäftigten mit hoher Bindung an den Betrieb deren Kunden besser behandelt. Allerdings empfinden – wie eine Umfrage des Gallup-Institutes ergab – in Deutschland nur 14 Prozent der Beschäftigten zu ihrem Unternehmen eine hohe Bindung[428]. 63 Prozent haben eine nur geringe und 23 Prozent (das sind knapp acht Millionen arbeitende Menschen) geben an, keinerlei emotionale Bindung an ihren Betrieb zu haben. Offensichtlich nimmt die Bindung in den letzten Jahren ab, denn im Jahre 2001 betrug der Anteil der Beschäftigten ohne jede Bindung nur 15 Prozent. Mitarbeiter ohne Bindung an ihr Unternehmen haben innerlich gekündigt. Hauptursache dieses Missstandes ist, wie Untersuchungen zeigen, schlechtes Führungsverhalten.[429] Beschäftigte klagen über zahlreiche Varianten der Unachtsamkeit und Respektlosigkeit[430]. Gute Führung bedeutet – abgesehen davon, dass Vorgesetzte gute Fachkenntnisse haben sollten – immer auch »Beziehungsmanagement« (»Staff Relation Management«)[431].

Das wirksamste Mittel, das Vorgesetzte zur Verfügung haben, um die Motivation und Arbeitsfreude ihrer Teams zu stärken, ist eine gute, professionelle Gestaltung der Beziehung zu den Mitarbeitern/innen. Die Motivationssysteme der Beschäftigten können nur dann aktiv werden, wenn sich die Mitarbeiter persönlich »gesehen«, wahrgenommen und beachtet fühlen. Viele Vorgesetzte sind unsicher: Was bedeutet es, eine »Beziehung« zu gestalten? Manche Vorgesetzte – weibliche etwas häufiger als männliche[432] – verfügen über eine intuitive Begabung, wie man am Arbeitsplatz die »Beziehung« zu seinen Mitarbeitern gestaltet. Für viele ist dieses

Thema aber noch ein recht fremdes und unsicheres Terrain. Beziehungsgestaltung am Arbeitsplatz bedeutet nicht, dass Vorgesetzte eine nahe persönliche Beziehung zu ihren Mitarbeitern suchen oder gar einen Flirt beginnen sollten, dies wäre der definitiv falsche Weg![433] Es geht auch nicht darum, dass Vorgesetzte sich persönlich verstellen oder verrenken sollten. Es reicht, mit den Mitarbeitern in kontinuierlichem persönlichem Kontakt zu sein und ihnen gegenüber respektvoll und freundlich aufzutreten. Ansonsten aber dürfen und sollen Vorgesetzte so wie ihre Mitarbeiter sich unverstellt und »normal« geben. Sie dürfen auch Gefühle, sowohl Gefühle der Freude als auch des Ärgers, zeigen, sollten bei Kritik aber nie die Fassung verlieren oder ausfallend werden.

Als Vorgesetzte oder Vorgesetzter eine gute, professionelle Beziehung mit Mitarbeitern oder Mitarbeiterinnen zu gestalten bedeutet, eine Balance zu finden zwischen verstehender Zuwendung einerseits und klarer Führung andrerseits. »Verstehende Zuwendung« heißt, Mitarbeiter mindestens wöchentlich, in kleinen Teams eventuell sogar täglich persönlich kurz zu kontaktieren und in angemessenen Abständen – einzeln oder im Rahmen von Teamsitzungen – mit ihnen die Arbeit zu besprechen. Dies sollte persönlich geschehen und kann nicht durch E-Mails ersetzt werden! Verstehende Zuwendung bedeutet, dass Vorgesetzte wahrnehmen, was ihre Mitarbeiter tun und ihnen dazu persönlich Rückmeldungen geben. Es ist nicht nötig und würde unecht wirken, Mitarbeiter jeden Tag zu loben, ebenso wenig wie man ihnen nicht täglich mit Kritik auf die Pelle rücken sollte. Jeder Mitarbeiter sollte aber – ohne großes Zeremoniell – in angemessenen Abständen hören, ob seine Arbeit Wertschätzung findet oder ob Mängel zu beanstanden sind, die behoben werden sollten.

»Klare Führung« bedeutet, Mitarbeiter wissen zu lassen, was man von ihnen verlangt, transparent zu machen, nach welchen Regeln Leistungen bewertet werden, und Kritik mutig, aber fair und sachlich zu äußern. Bloßstellungen und Beschämungen Einzelner vor versammelter Mannschaft sind ein schwerer Fehler[434]. Wenn jemand deutlich und hart kritisiert werden muss, dann sollte dies möglichst im Beisein des Stellvertreters des Vorgesetzten im kleinen Rahmen geschehen.

Vorgesetzte können, ohne auf die Forderung nach Leistung verzichten zu müssen, viel für die Gesundheit ihrer Mitarbeiter tun, wenn sie die Balancen beachten, die bei der Burn-out-Prophylaxe eine Rolle spielen. Von zentraler Bedeutung sind die drei Balancen zwischen Leistungsanforderungen im Verhältnis zur Anerkennung (»Effort versus Reward«), zum Entscheidungsspielraum (»Demand versus Control«) und zu den Ressourcen (»Demand versus Resources«). Die wichtigsten Formen der »Anerkennung« sind nicht nur der faire Lohn, sondern auch die Wertschätzung der erbrachten Leistung, die Sicherheit des Arbeitsplatzes und berufliche Entwicklungschancen. »Entscheidungsspielraum« ist gegeben, wenn Beschäftigte bis zu einem gewissen Grad selbst entscheiden können, wie und in welcher Zeit sie ihre Arbeit erledigen wollen. In der Art und Weise, wie sie Arbeit erledigen, sollten Mitarbeiter nicht unnötig durch bis ins Detail gehende Vorschriften eingeengt werden.

Die Arbeitsmenge und der Rhythmus (Arbeit pro Zeiteinheit) müssen der Leistungsfähigkeit angepasst sein und dürfen diese nicht übersteigen. Es hat keinen Sinn, die Leistungsstandards am obersten Rand des Leistbaren zu definieren in der Hoffnung, aus den Mitarbeitern damit »alles herauszuholen«. Genau das Gegenteil wird der Fall sein.

Von überragender Wichtigkeit sind regelmäßige, tatsächlich eingehaltene Pausen. Mitarbeiter sollten zur Halbzeit ihres Tagespensums in Ruhe und abseits des Arbeitsplatzes – und keinesfalls neben der Arbeit her – essen können[435]. Wenn Vorgesetzte nicht nur auf Leistung, sondern auch darauf achten, dass eine gesundheitsförderliche Arbeitskultur herrscht, dann stärken sie die Ressourcen und damit auch die Leistungsfähigkeit ihrer Mitarbeiter.

Die Bedeutung der betrieblichen Gesundheitsvorsorge

Der immense Einfluss der Arbeit auf die Gesundheit – insbesondere auf die seelische Gesundheit – ist durch eine umfangreiche Datenlage belegt. Obwohl viele Unternehmen dies inzwischen klar erkannt haben, haben sich Arbeitgeberverbände offenbar auf die Sprachregelung verständigt, dass psychische Belastungen grundsätzlich *nicht* durch die Situation am Arbeitsplatz bedingt seien, sondern ihre Ursache außerhalb hätten. »Wenn es um die psychische Gesundheit der Belegschaft geht«, so die Bundesvereinigung Deutscher Arbeitgeberverbände, »ist der Einflussbereich der Unternehmen begrenzt, weil Ursachen psychischer Erkrankungen meist außerhalb des beruflichen Umfeldes liegen.«[436]

Nach Ansicht der Arbeitgeberverbände sind – so wörtlich – »genetische Veranlagungen« ein »Hauptauslöser für die steigende Zahl psychischer Erkrankungen«[437]. Dass die Arbeitgeberverbände annehmen, dass sich die »genetischen Veranlagungen« unserer Bevölkerung seit Jahren zum Schlechteren entwickeln, macht die Grenzen der hier vorhandenen Fachkunde deutlich.

Seit Kurzem leisten derartige Deutungen, wie sie von Arbeitgeberverbänden gegeben wurden, auch einige Vertreter der Psychiatrie Vorschub, indem versucht wird, das Burn-out-Konzept (ein Konzept der *arbeitsbezogenen* Gesundheit) für nicht existent zu erklären und psychische Probleme am Arbeitsplatz auf depressive Erkrankungen (ein Konzept der *personenbezogenen* Gesundheit) zu reduzieren. Eine Strategie, gute Arbeitsbedingungen durch Psychopharmaka zu ersetzen, wäre fatal.

Nachdem es leider gelungen ist, einen erheblichen Teil unserer Kinder und Jugendlichen mit Ritalin und Ritalin-ähnlichen Substanzen abzufüttern, obwohl die Ursachen des Aufmerksamkeits-Defizit-Hyperaktivitäts-Syndroms zu einem nicht geringen Teil durch fehlende körperliche Bewegung, hohen Bildschirmkonsum, falsche Ernährung und Mangel an guter Betreuung im Kindesalter bedingt sind, sollte verhindert werden, dass nach den Kindern und Jugendlichen als Nächstes nun auch die Belegschaften in den Betrieben psychopharmakologisch abgefüttert werden, anstatt dort für ausreichend gute Arbeitsbedingungen zu sorgen[438].

Vor dem Hintergrund der großen Verbreitung stressbedingter Gesundheitsstörungen am Arbeitsplatz kann sich die *betriebliche Gesundheitsvorsorge* nicht darauf beschränken, Vorgesetzte und ihre Mitarbeiter mit guten Ratschlägen zu versorgen. Das Arbeitsschutzgesetz (ASG) verpflichtet Unternehmen seit dem Jahre 1996, im Rahmen von Gefährdungsbeurteilungen auch stressbedingte bzw. psychische Gesundheitsbelastungen zu erfassen und mit geeigneten Vorkehrungen präventiv anzugehen[439]. Obwohl eine wirksame betriebliche Gesundheitsvorsorge im Bereich psychomentaler Belastungen am Arbeitsplatz inzwischen auch vonseiten des Bundesministeriums für Arbeit und Soziales vehement eingefordert wird[440], tun sich viele Unternehmen (aber auch viele Betriebsräte und Gewerkschaftsvertreter) mit dieser für sie neuen, ungewohnten Thematik noch schwer.

Nur etwa 60 Prozent aller Unternehmen führen überhaupt umfassende Gefährdungsbeurteilungen ihrer Arbeitsplätze nach dem ASG durch, wobei von diesen wiederum nur etwa 30 Prozent auch psychische Belastungen mit erfassen[441]. Bei Besuchen der Gewerbeaufsicht in Betrieben wird die Frage der psychischen Belastung der Beschäftigten nur in ein bis zwei Prozent der Besuche angesprochen[442].

Betriebliche Gesundheitsvorsorge sollte für Unternehmen keine lästige Hausaufgabe sein, sondern ein proaktiv betriebenes Anliegen. Welchen Sinn hat es, dass Unternehmen ihre Maschinen und Anlagen sorgfältig warten, ihre Mitarbeiter aber wie Wegwerfartikel verschleißen? Die von mir oben gegebenen Hinweise, die im Rahmen einer gesundheitsdienlichen Führung von Mitarbeitern beachtet werden sollten, können von Vorgesetzten nur dann umgesetzt werden, wenn die Führungsspitze des Unternehmens eine entsprechende Führungskultur vorgibt und zulässt. Dies bedeutet, die Arbeitsdichte und -intensität, die in den letzten Jahren massiv zugenommen hat, zu begrenzen, Hetze und Monotonie abzustellen und die verschiedenen Möglichkeiten sozialer Unterstützung am Arbeitsplatz wahrzunehmen: Förderung eines guten kollegialen Klimas, Gewährung und Einhaltung von Pausen, Fortbildungsmaßnahmen und Qualifizierung von Vorgesetzten in Sachen guter Mitarbeiterführung.

Besondere Bedeutung wird in den nächsten Jahren der Weiterqualifizierung von Betriebsärzten zukommen. Deren Ausbildung beschränkte sich bisher zu sehr auf rein körperliche, und hier vor allem auf durch physikalische oder chemische Einwirkungen verursachte Erkrankungen. Betriebsärzte sollten in den nächsten Jahren vor allem in psychosomatischer Medizin fortgebildet werden. Das Ziel ihrer Nachschulung sollte allerdings nicht sein, Beschwerden am Arbeitsplatz zu psychiatrisieren, sondern die Zusammenhänge zwischen sozialen, seelischen und körperlichen Faktoren zu verstehen, Handlungsbedarf zu erkennen und diesen dem Unternehmen zurückzumelden.

Das Bundesministerium für Arbeit und Soziales hat sinnvolle und zugleich unbürokratische Strukturen vorgeschlagen, welche im Rahmen einer proaktiven betrieblichen Gesundheitsvorsorge geschaffen werden sollten[443]. Dies sind zum einen aus Kollegen zusammengesetzte *Gesundheitszirkel,* die sich einmal im Monat oder im Quartal zusammensetzen und aufgetretene Probleme – insbesondere interpersonelle Konflikte, psychisch belastende Arbeitsabläufe oder erkennbare Überforderungen – besprechen. Zu derartigen Gesundheitszirkeln können regelmäßig oder bei Bedarf Betriebs- bzw. Personalräte oder Betriebs- bzw. Personalärzte hinzugezogen werden (sie können eventuell auch von Betriebsärzten geleitet werden).

Während Gesundheitszirkel vor allem eine Art kontinuierliches Monitoring übernehmen, sind dann, wenn in einem bestimmten Bereich eines Unternehmens besondere Konflikte oder andere interpersonelle Schwierigkeiten aufgetreten sind, von Fachleuten moderierte *Supervisionsgruppen* angezeigt. In Berufen, in denen eine starke interpersonelle Beanspruchung permanent gegeben ist (z. B. bei schulischen Lehrkräften, Pflegekräften, Ärztinnen und Ärzten, Heimerzieherinnen und Heimerziehern, Erzieherinnen und Erziehern), sollten

Supervisionsgruppen eine ständige Einrichtung sein. Die Moderation von Supervisionsgruppen sollte optimalerweise durch externe Supervisoren erfolgen[444].

Sozialpolitische und politische Kontexte

Die in der Arbeitswelt zu beobachtenden Veränderungen der letzten Jahre weisen weit über die Ebene einzelner Unternehmen hinaus. Unter welchen Bedingungen Menschen in einer Gesellschaft arbeiten oder von Arbeit ausgeschlossen sind, ist auch politisch zu reflektieren. Daher sollen einige Themenfelder benannt werden, die in diesem Zusammenhang eine Rolle zu spielen scheinen.

Ein erstes wichtiges Thema betrifft die Rolle, die von Gewerkschaften wahrzunehmen ist. Wer die freiheitliche Demokratie und soziale Marktwirtschaft für ein gutes Modell hält, sollte angesichts der, wie es Richard Sennett[445] nannte, »Kultur des neuen Kapitalismus« der Gefahr entgegentreten, dass demokratische Partizipationsmöglichkeiten, Merkmale des Sozialen und humane, der Gesundheit förderliche Arbeitsbedingungen nicht abnehmen. Angesichts der zunehmenden Individualisierung und Vereinzelung des Menschen in der Arbeitswelt erscheint es wünschenswert, dass sich Beschäftigte wieder verstärkt zusammenfinden und organisieren, um die in diesem Buch angesprochenen Fragestellungen und Probleme in einer im fundamentalen Wandel begriffenen Arbeitswelt zu analysieren und neue Lösungswege zu suchen.

Eine ernsthafte Anstrengung muss dahingehend unternommen werden, eine in vielen Bereichen der Arbeitswelt bereits angelaufene, von Unternehmerseite teilweise ganz unverblümt geforderte[446] Re-Taylorisierung zu verhindern. Wie in Kapitel 5 dargestellt wurde, ging es dem im 19. Jahrhundert aufgekommenen Taylorismus darum, den Menschen an die Arbeit (insbesondere an die Maschine am Arbeitsplatz) anzupassen, anstatt zu versuchen, umgekehrt die Arbeit menschengerecht zu gestalten. Versuche, einen neuen Taylorismus einzuführen, ließen sich in den letzten Jahren nicht nur in der Industrie, sondern unter anderem im Bereich der Kranken- und Altenpflege beobachten, wo Pflegekräften teilweise minutengenau vorgegeben wird, welche Dienstleistungen sie in welcher Zeit an ihren Patienten vorzunehmen haben.

Auch dort, wo der Bildschirm oder andere Mechanismen (wie die Anrufautomaten in Callcentern) die Arbeit diktieren, droht Taylorismus. Die gesundheitlichen Folgen für die Beschäftigten sind, wie die Zahlen zeigen, katastrophal[447]. Überall, wo sich in den letzten Jahren die Arbeit verdichtet, intensiviert und beschleunigt hat – diese Entwicklung betrifft die gesamte Arbeitswelt –, überall dort droht auch ein neuer Taylorismus. Dem sollte – nicht nur der Humanität, sondern auch der Gesundheit wegen – entgegengetreten werden. Je stärker die Gewerkschaften bereit sind, die verständlichen Berührungsängste vor dem Bereich des Seelischen zu verlieren und die Bewahrung der seelischen Gesundheit am Arbeitsplatz zu ihrer Sache zu machen, desto stärker müssen die in diesem Buch angesprochenen *qualitativen* Aspekte der Arbeit in den Fokus gewerkschaftlicher Aufmerksamkeit rücken[448].

Demokratie und Sozialstaat sind mehr als humanistische Ideale, sie sind – wie wissenschaftliche Untersuchungen der letzten Jahre zeigen – auch für die Gesundheit am Arbeitsplatz von Relevanz. In einer im Jahre 2009 vorgelegten Studie wurden Arbeitsbedingungen, die Stressbelastung am Arbeitsplatz und Parameter der seelischen Gesundheit international verglichen, untersucht[449]. Länder mit einem sogenannten »universalistischen«, dem skandinavischen Modell folgenden Wohlfahrtsstaat hatten die vergleichsweise günstigsten Arbeitsbedingungen, die niedrigste psychosoziale Belastung am Arbeitsplatz, und wiesen unter Beschäftigten den niedrigsten Anteil von Personen mit depressiven Symptomen auf. Eine davon unabhängig durchgeführte Untersuchung, in der die Lebenszufriedenheit in verschiedenen europäischen Ländern verglichen wurde, zeigte bei Ländern mit vergleichsweise höherer Einkommens*un*gleichheit eine signifikant niederere Lebenszufriedenheit[450]. Insofern geht die seit den 90er-Jahren dokumentierte starke Zunahme der Ungleichheit bei Einkommen und Vermögen, die für fast alle westlichen Länder – Deutschland eingeschlossen – nachgewiesen wurde, in die falsche Richtung[451].

Definitiv keine Lösung sind – jedenfalls bei einer gründlichen, näheren Betrachtung – die seit Jahren vorgeschlagenen Modelle für ein bedingungsloses Grundeinkommen[452]. Unabhängig davon, welches der verschiedenen, hier diskutierten Modelle man wählen würde: Sie können nicht halten, was sie versprechen (z. B. Bürokratieabbau), sie berücksichtigen die große Zahl behinderter Personen mit einem weit über dem Grundeinkommen liegenden Bedarf nicht, sie würden die Schwarzarbeit fördern und sie würden – vor allem bei jungen Leuten – jedweden Anstrengungs-, Ausbildungs- und Leistungsanreiz beseitigen. Vor allem aber sind sie definitiv unbezahlbar, wie die Sozialexperten Georg Cremer und Gerhard Kruip in einer lesenswerten Analyse haarklein nachgewiesen haben.

Den globalen Rahmen für die seit Ende der 80er-Jahre beobachtbare Entwicklung hin zu schlechteren Arbeitsbedingungen bilden die außer Kontrolle geratenen internationalen Finanzmärkte[453]. Die Akteure – international agierende Investoren, Hedgefonds und Banken – sangen das Loblied des freien Marktes, solange sie gute Geschäfte machen konnten (siehe Kapitel 5). Sobald die von ihnen erzeugten spekulativen Blasen platzten, wurden die Regeln des freien Marktes für diese Akteure abgeschafft. Die ungeheuren Verluste wurden letztlich zulasten der Steuerzahler sozialisiert. Die Empörung darüber reicht bis ins ehemals konservative Lager hinein, das eine »Selbstdesillusionierung des bürgerlichen Denkens«, so Frank Schirrmacher, Herausgeber der Frankfurter Allgemeinen Zeitung, konstatierte[454]. »Kapital«, so lehrte einst David Ricardo (1772–1823), »ist vorgetane Arbeit« (siehe Kapitel 6). Die Erfahrung lehrt, dass es das Potenzial hat, sich gegen die zu richten, denen es seine Herkunft verdankt[455]. Die noch nicht gelöste Aufgabe wird sein, eine »handlungs- und entscheidungsfähige Staatsgewalt« – so der ehemalige Präsident des Bundesverfassungsgerichts, Ernst-Wolfgang Böckenförde – zu schaffen, welche den Finanzsektor unter Kontrolle bringt, ohne dafür – wie es in den sozialistischen Staaten der Fall war – die Freiheit zu opfern. »Rein koordinativ, auf dem Wege der allseitigen Konsensbildung, lässt sich ein solcher Umbau nicht bewirken«, so nochmals Böckenförde[456], was bedeutet, dass dies in einem harten politischen Kampf durchgesetzt werden muss.

Erziehung und Bildung

Auch wenn wir die »Erfindung der Arbeit«, wie in Kapitel 6 vorgeschlagen, auf die Zeit der beginnenden Sesshaftigkeit des Menschen vor etwa 12 000 Jahren datieren[457], so wurden die *Voraussetzungen der Arbeit* – nämlich die Fähigkeit des Menschen zur Herstellung von Werkzeugen – bereits Hunderttausende von Jahren früher entwickelt[458]. Mit Beginn der Sesshaftigkeit, mit Getreidezucht und Ackerbau, mit der Domestikation von Nutztieren und wenig später mit der Bearbeitung erster Metalle setzte dann allerdings eine Beschleunigung der technischen Entwicklung ein, die mit Blick auf die Millionen Jahre während evolutionäre Entwicklung des Menschen beispiellos ist.[459]

Die Techniken und Wissensbestände, die unsere Spezies bis zum heutigen Tag entwickelt hat und die überall da ins Spiel kommen, wo Arbeit stattfindet, sind von faszinierender, aber auch beängstigender Quantität und Komplexität. Zwar sind die Systeme des menschlichen Gehirns, in denen die akkumulierten Wissensbestände und Fähigkeiten gespeichert werden können, Teil unserer Erbmasse. Die Wissensbestände und Fertigkeiten selbst (die »Contents« in der Sprache der Medienwissenschaft) sind es aber nicht. Dies bedeutet, dass jedes Kind und jeder Jugendliche sich das evolutionär akkumulierte Wissen aneignen muss, so weit er oder sie dieses Wissen für sein oder ihr Leben, vor allem aber für die berufliche Arbeit benötigt.

Kurz gesagt, muss jedes Kind einen Teil der kognitiven Entwicklung der Menschheit in seiner eigenen sozusagen nochmals durchlaufen, ein Prozess, den wir »Erziehung« und »Ausbildung« nennen[460]. Erziehung und Ausbildung sind keine gegen die »Natur« des Kindes gerichteten Prozesse, dies ist eine aus neurobiologischer Sicht abwegige Denkweise, die mit der Rezeption von Jean-Jacques Rousseau (1712–1778) und dessen reduziertem Begriff von »Natur« zu tun hat. Das auf den Erwerb sozialer Kompetenzen spezialisierte Stirnhirn und das auf anspruchsvolle kognitiv-intellektuelle Leistungen ausgerichtete, gesamte Großhirn sind biologische Hinweisgeber, die deutlich machen, dass »Erziehung« und »Bildung« Teile unserer natürlichen Bestimmung sind. Wer ein Kind nicht erzieht und bildet, versündigt sich an der »natürlichen« (!) Reifung seines Gehirns. Prozesse, die dem nahe stehen, was wir »Erziehung« und »Bildung« nennen, finden in vielfältiger Weise auch im Tierreich statt. Viele tierische Verhaltensweisen, die in früheren Zeiten als ausschließlich »instinktiv« bzw. genetisch vorgegeben galten, haben sich als Produkte von sozialem und kognitivem Lernen herausgestellt. Dass »Erziehung« und »Bildung« nicht kontrabiologische, sondern biologisch vorgesehene Programme sind, ist jedoch weder ein Plädoyer für die einst praktizierte, unmenschliche (und in der Tat widernatürliche) »schwarze Pädagogik«[461] noch ein Widerspruch zur der Tatsache, dass wir evolutionär für viele Aspekte unseres zivilisatorischen Lebens – insbesondere für den Mangel an körperlicher Bewegung und an Muße – nicht »gemacht« sind.

Systeme des Gehirns, die Grundlage unserer emotionalen Bedürfnisse und Fähigkeiten sind, sind evolutionär gesehen deutlich älter als jene, die unsere kognitiv-intellektuellen Leistungen möglich machen. Evolutionär am spätesten haben sich die im Frontalhirn untergebrachten Zentren für soziale Kompetenz entwickelt, die etwas möglich machen, ohne das es keine Arbeit geben könnte: Kooperation[462].

Die Erziehung des Kindes muss berücksichtigen, dass die Entwicklung der drei Hirnsysteme (emotionales System, kognitives System, soziales System[463]) aufeinander aufbaut: Emotional vernachlässigte Kinder sind, wie Studien zeigen, auch in ihrer kognitiv-intellektuellen Entwicklung eingeschränkt. In ihrer kognitiv-intellektuellen Entwicklung nicht geförderte Kinder wiederum haben größere Probleme als andere, gute soziale Kompetenzen zu entwickeln.

Alles beginnt mit der emotionalen Entwicklung, deren Voraussetzung – vom ersten Lebenstag an – die Erfahrung von zärtlichem Körperkontakt, Einfühlung und Geborgenheit ist. Die kognitiv-intellektuelle Entwicklung beginnt, was vielen nicht bewusst ist, im Vorschulalter. In dieser Zeit kommt es darauf an, dass das Kind im Spiel mit realen Objekten (Dingen, Spielgeräten, Puppen u. a.), die sich anfassen, handhaben und manipulieren lassen, die Welt zu »begreifen« und parallel dazu zu sprechen lernt. Beides hängt eng zusammen, weshalb der Bildschirm das Spielen nicht ersetzen kann![464]

Auch die Reifung der sozialen Systeme des Gehirns beginnt im Vorschulalter: Sie wird in Gang gesetzt, wenn das Kind ab dem dritten Lebensjahr langsam und altersangemessen lernt, die Regeln des sozialen Zusammenlebens zu beachten (Teilen, Warten, eigene Impulse bremsen). Aus diesem Grunde sollte das Kind spätestens ab dem dritten Lebensjahr einen größeren Teil seiner Zeit in gut betreuten *Gruppen* verbringen.

Der Erwerb von anspruchsvolleren Kompetenzen und Kulturtechniken durch Kinder und Jugendliche in der Schule, in der Lehre und im Studium setzt eine gelungene Basisentwicklung in den ersten Lebensjahren voraus. Leider bleiben viele Kinder zurück, weil sie im Vorschulalter entweder emotional, kognitiv-sprachlich oder sozial nicht gefördert wurden. Die Anforderungen, Anpassungsleistungen und Anstrengungsbereitschaft zu erbringen, beginnen mit dem Eintritt in die Schule spürbar zu steigen. Die Schule hat die Aufgabe, neben der Befriedigung der Primärbedürfnisse – Bewegung, Musik, Ausgelassenheit und zwanglose Gemeinschaft – das Kind jetzt auch kognitiv zu fordern. Derzeit verbreitet ist eine merkwürdige, ahistorische Sicht auf die Institution Schule, so als müsste man die Kinder vor ihr schützen. Eine um die Zeit der Schulausbildung verlängerte »Kindheit« ist ein Privileg unserer Zeit. Bis zur Einführung der Schulpflicht (im 18. Jahrhundert[465]) waren Kinder Arbeitskräfte, so wie heute noch in großen Teilen Afrikas und Asiens[466].

Die derzeitigen Mängel unseres Schulsystems sind unbestritten, ich habe, nachdem ich über das Thema »Gesundheit an der Schule« jahrelang wissenschaftlich geforscht habe, mich dazu auch in einem Buch (Lob der Schule) ausführlich geäußert[467]. Trotzdem sollten wir unseren Kindern gegenüber deutlich machen, dass es ein Privileg ist, eine Schule zu besuchen. Schulen müssen Ganztagsschulen werden und Lebensräume sein, wo sich sowohl die Lernenden als auch die Lehrenden wohlfühlen können. Schulen sollten einen Raum bieten für konzentriertes Lernen und Arbeiten, für den Erwerb handwerklicher Fähigkeiten, für Sport und Musik, für die Künste und für soziale sowie ökologische Projekte.

Welche Konsequenzen sich für jetzt lebende junge Menschen aus ihrem Ausbildungsschicksal für ihr späteres Leben ergeben, lässt sich an wissenschaftlichen Untersuchungen ablesen. Wer in der Kindheit und Jugend wenig Bildung erwerben konnte, hat eine stark erhöhte Chance, in späteren Jahren entweder in Arbeitslosigkeit oder in schlechter Arbeit zu landen. Die Arbeitslosenquote von gering qualifizierten Menschen beträgt etwa 20 Prozent und ist damit gegenüber dem Durchschnitt mehrfach erhöht[468]. Wer ohne qualifizierte Ausbildung im Berufsleben steht, hat ein stark erhöhtes Risiko, im schlecht bezahlten Niedriglohnbereich zu landen und lediglich eine befristete Beschäftigung zu erhalten[469] (siehe dazu Kapitel 3). Wer dagegen gut ausgebildet ist, erlebt am Arbeitsplatz weniger psychosoziale Belastungen[470], ist weniger vom Risiko depressiver Erkrankungen betroffen und erfreut sich ganz allgemein einer besseren Gesundheit[471].

Angesichts des geradezu gnadenlosen Zusammenhangs zwischen Ausbildungsniveau und späteren beruflichen Chancen ist die Tatsache, dass viele junge Leute ohne Berufsausbildung oder gar ohne Schulabschluss ins Leben gehen, bedrückend. Ohne Schulabschluss gehen in Deutschland, wie schon in Kapitel 3 erwähnt, neun Prozent eines jeden Jahrgangs ab (bei jungen Leuten mit Migrationshintergrund sind es 19 %). Keine Berufsausbildung haben 14 Prozent eines Jahrgangs (bei Jugendlichen mit Migrationshintergrund sind es 38 %)[472]. Etwa 14 Prozent aller in Deutschland lebenden Erwachsenen zwischen 18 und 65 Jahren – das sind rund 7,5 Millionen Menschen – sind Analphabeten[473]. Da die Nachfrage nach gut und hoch Qualifizierten auf dem Arbeitsmarkt in Europa in den kommenden Jahren noch weiter zunehmen wird[474], werden sich die Folgen für in ihrer Ausbildung gering qualifizierte Menschen künftig eher verschlechtern als verbessern. Gute Ausbildung ist für junge Menschen im Grunde zu einer Art Überlebensfrage geworden.

Schulen sollen, wie bereits betont wurde, Lebensräume sein, in denen sich Schülerinnen und Schüler wohlfühlen. Andrerseits ist es unseriös und eine Verkennung der Realitäten, die Erwartung zu wecken und entsprechende Forderungen dahingehend zu stellen, alles in der Schule müsse alle permanent begeistern. Wer Kindern und Jugendlichen sowie deren Eltern verschweigt, dass Kinder und Jugendliche sich – neben der Freude, die sie haben sollen – auch erheblichen Anstrengungen unterziehen müssen, der belügt sich, die Kinder und deren Eltern. Wenn wir jungen Menschen nicht ehrlich sagen, dass sie eine altersangemessene Bereitschaft entwickeln müssen, sich anzustrengen, werden sie spätestens beim Übertritt von der Schule in den Beruf sehr unangenehme und ernüchternde Erfahrungen machen.

Doch müssen wir, wenn wir junge Menschen fordern, sie auch fördern. Wir müssen vor allem die massiven Defizite, die wir in Deutschland bei der vorschulischen und schulischen Förderung von Kindern und Jugendlichen immer noch haben, mit Nachdruck und innerhalb kurzer Zeit beheben. Die Wahrnehmung der elterlichen Verantwortung wird – ob uns das lieb ist oder nicht – auch künftig einen großen Einfluss haben. Entscheidend für das Bildungsschicksal von Kindern ist meines Erachtens – neben der Bereitstellung guter Bildungseinrichtungen – vor allem die Haltung der Eltern gegenüber dem Wert der Bildung[475].

Die Arbeit, die Freude am Leben und die Fähigkeit zur Muße

Menschen haben eine bereits bei Kindern beobachtbare Tendenz, einen andauernden, von außen auf sie ausgeübten Druck, der sich auf absehbare Zeit nicht beseitigen lässt, zu ihrem eigenen Anliegen zu machen. Dieser Mechanismus, den ich nachfolgend kurz kritisch betrachten möchte, hat offenbar gewisse Vorteile, sonst hätte er sich kaum entwickelt. Ein Vorteil ergibt sich unter anderem daraus, dass die Demütigung und der Kontrollverslust, der mit der Unterordnung unter den Willen des Schicksals oder dem eines anderen Menschen verbunden ist, gemildert oder beseitigt wird, sobald wir uns mit dem, was uns aufgebürdet wurde, kurzerhand identifizieren, es also zu unserer eigenen Sache machen. Bei Kindern und Jugendlichen wird der Mechanismus, sich das zu eigen zu machen, was einem von den Eltern auferlegt wurde, noch dadurch unterstützt, dass sie auf ihre erwachsenen Erzieher angewiesen sind. Nichts wünschen sich Kinder so dringend wie die Bindung und soziale Akzeptanz der Erwachsenen, mit denen sie zusammenleben. Also fangen sie nach einiger Zeit an, selbst zu tun und irgendwann sogar selbst zu wollen, was wir ihnen sagen. Dieser psychologische Mechanismus der sogenannten »Identifikation mit dem Aggressor«, der nicht nur beim Kind, sondern auch bei Erwachsenen funktioniert, hat gute, aber auch bedenkliche, schlechte Seiten. Er begegnet uns auch im Bereich der Arbeit.

Selbstverständlich kann die Arbeit spontane, primäre Freude machen, vor allem wenn sie zu jener Resonanz führt, von der bisher schon mehrfach die Rede war. Doch ist unter dem Jahrtausende währenden Zwang zur Arbeit auch noch etwas anderes passiert: Unsere Spezies hat den Speer sozusagen umgedreht und aus dem Zwang zur Arbeit die innerlich empfundene Pflicht zur Arbeit, die »Arbeitsmoral« gemacht.

Spiegelbilder dieser Entwicklung zeigten – und zeigen – sich in der Schöpfungsgeschichte des Alten Testamentes (»Im Schweiße deines Angesichts sollst du dein Brot essen«), in den Mönchskulturen des Mittelalters (»Ora et labora«), im Protestantismus Luthers und Calvins (»Der Mensch ist für die Arbeit gemacht wie der Vogel zum Fliegen«), aber auch im strengen Arbeitsethos der Linken, von Marx bis Lenin (»Wer nicht arbeitet, der soll auch nicht essen«). Dies festzustellen bedeutet keinesfalls, die bereits erwähnte Möglichkeit einer spontanen Freude an der Arbeit zu bestreiten. Worum es mir hier geht, ist, den Blick zu schärfen für die Gefahr, unter dem Einfluss der unbewusst wirksamen Kräfte des beschriebenen Mechanismus, den Sinn für und die Liebe zu dem zu verlieren, was dem Menschen jenseits der Arbeit Freude machen kann: die von mir bereits erwähnte Muße, das Spiel, die Musik, die Bewegung, das zwecklose Verweilen, das Träumen und das absichtslose Zusammensein mit anderen Menschen.

Damit wären wir bei der *Balance zwischen Arbeit und Muße*. Die Lebensfreude kann, wenn diese Balance gelingt, sowohl mit der Arbeit als auch mit der Muße verbunden sein. Arbeit und Muße können sich unter bestimmten Umständen sogar verbinden. Dass wir arbeiten müssen, weil wir als Menschen – selbst bei gerechter Verteilung der Ressourcen dieser Welt – ohne Arbeit nicht leben können, haben selbst diejenigen Denker nicht bestritten, die vor einer Überbewertung der Arbeit gewarnt haben: Die Denker des antiken Griechenland haben – obwohl sie die Muße über alles stellten – die Notwendigkeit der (physischen) Arbeit nicht in Abrede gestellt (sie haben sie lediglich den Sklaven überlassen).

Auch Jesus Christus, der dazu aufgefordert hat, sich über Arbeit nicht zu viele Sorgen zu machen, hat sich nirgendwo negativ über ihre Notwendigkeit geäußert. Viele Jahrhunderte später hat sich Paul Lafargue (der damit nicht auf eine Stufe mit dem vorher Genannten gestellt werden soll), obwohl er ein vehementer Kritiker der »Arbeitssucht« war, immerhin für drei Stunden Arbeit täglich ausgesprochen. Und schließlich war auch Bertrand Russell der Meinung, dass »jeder Mensch etwas zum Ausgleich für Kost und Wohnung leisten« müsse, obwohl er – ähnlich wie Lafargue – die Arbeitsmoral als »Sklavenmoral« betrachtete, für eine Reduzierung der täglichen Arbeitszeit auf vier Stunden eintrat und die Muße als »wesentlich für die zivilisatorische Entwicklung« bezeichnete. Er sprach sich sogar dafür aus, bereits Kindern »die Überzeugung zu vermitteln, dass Arbeit etwas Notwendiges ist« und ihre »Bereitschaft, ein gerechtes Maß an notwendiger Arbeit auf sich zu nehmen«, zu fördern[476].

Die Arbeit kann, indem sie der Energie, der schöpferischen Lust und den Selbstverwirklichungsmöglichkeiten des Menschen ein fast grenzenloses Betätigungsfeld bietet, eine Quelle großen Glücks sein. Zu zeigen, dass dies auch aus neurobiologischer, medizinischer und psychologischer Sicht wahr ist, war eines der Anliegen meines Buches.

Die wirklich gefährlichen Feinde der Arbeit sind nicht die Faulen, sie haben keine Argumente auf ihrer Seite und grenzen sich selbst aus. Die wirklichen Feinde der Arbeit sind dort zu suchen, wo Menschen in der Arbeit entwürdigt, mit sinnentleerten Arbeitsschritten beschäftigt, unter unmenschlichen Druck gesetzt, schlecht bezahlt oder zu seelenlosen Maschinen gemacht werden. Das Glückspotenzial der Arbeit zerstören aber nicht nur jene, die andere in unwürdige Arbeitsverhältnisse zwingen, sondern auch diejenigen, die sich ohne Gegenwehr mit einer solchen Situation arrangieren. Damit ist die zunehmende Zahl derjenigen gemeint, die begonnen haben, die Arbeit wie eine Art Zwangsregime zu verinnerlichen oder sich bereits zu Arbeitssüchtigen entwickelt haben.

Denen, die andere in unmenschliche Arbeitsverhältnisse zwingen, muss persönlich und politisch entgegengetreten werden. Dem verinnerlichten Arbeitsübereifer ist politisch nicht beizukommen, zumal sich viele im »Pflichtrausch« gar nicht unwohl fühlen – so lange, bis sie ihr Körper mit einem Burn-out-Syndrom, einer Depression oder einer Herzerkrankung gnadenlos auf eine Grenze hinweist, die wir nicht überschreiten dürfen.

Für diese Gefahr zu sensibilisieren war das mit diesem Buch verfolgte Ziel.

Dank

Mein herzlicher Dank richtet sich an meine Kollegen vom Freiburger Sonderforschungsbereich »Muße« der Deutschen Forschungsgemeinschaft für vielfältigen, wertvollen Austausch zur Bedeutung der »Muße«. Herrn Prof. Dr. Dr. Thomas Böhm, Dr. Thomas Jürgasch, Frau Dr. Katrin Götz-Trabert und Herrn Lukas Trabert danke ich für wertvolle Hinweise und Hilfe bei der Literatursuche sowie Literaturbeschaffung. Frau Karin Graf bin ich für ihre treue und stete Unterstützung dankbar und Herrn Tilo Eckardt für sein sorgfältiges Lektorat.

Literatur

Ahola, Kirsi und Kollegen: The relationship between job-related burnout and depressive disorders. Journal of Affective Disorders 88: 55–62 (2005).

Ahola, Kirsi und Kollegen: Contribution to the association between job strain and depression: the health 2000 study. Journal of Occupational and Environmental Medicine 48: 1023–1030 (2006).

Ahola, Kirsi und Hakanen, Jari: Job strain, burnout, and depressive symptoms. Journal of Affective Disorders 104: 103–110 (2007).

Ahola, Kirsi und Kollegen: Burnout as a predictor of all-cause mortality among industrial employees: a 10-year prospective register-linked study. Journal of Psychosomatic Research 69: 51–57 (2010).

Albrod, Manfred: Gesundheit als Führungsaufgabe. Arbeitsmedizin, Sozialmedizin, Umweltmedizin 46: 124–125 (2011).

Andrees, Beate und Belser, Patrick (Hrsg.): Forced labor: Coercion and eploitation in the private economy. International Labor Office (2009).

Anticevic, Alan und Kollegen: The role of the default mode network deactivation in cognition and disease. Trends in Cognitive Sciences 16: 584–592 (2012).

Antonovsky, Aaron: Salutogenese. dgvt Verlag Tübingen (1997).

Appels, Ad und Schouten, Erik: Burnout as a risk factor of coronary heart disease. Behavioral Medicine 17: 53–59 (1991).

Arendt, Hannah: Vita activa oder Vom tätigen Leben. München (1960).

Aßländer, Michael S.: Bedeutungswandel der Arbeit. Aktuelle Analysen 40. Hanns Seidel Stiftung. München (2005).

Augstein, Franziska: Warum Marx recht hat. Süddeutsche Zeitung, 21. September (2012).

Backe, Eva-Maria und Kollegen: The role of psychosocial stress at work for the development of cardiovascular disease – a systematic review. International Archives of Occupational and Environmental Health 85: 67–79 (2012).

Bacon, Francis: Novum organum (1620).

Balko, Gerd: Gegen die Mitmacher und Fitmacher. Arbeiterpolitik 48: 8–11 (2007).

Bamia, Christina und Kollegen: Age at retirement and mortality in a general population sample. American Journal of Epidemiology 167: 561–569 (2008).

Baron-Cohen, Simon und Kollegen: Sex differences in the brain. Science 310: 819–823 (2005).

Bauer, Joachim: Die Freiburger Schulstudie. SchulVerwaltung Baden-Württemberg 12: 259–64 (2004).

Bauer, Joachim: Das Gedächtnis des Körpers. Wie Beziehungen und Lebensstile unsere Gene steuern. Eichborn, Frankfurt (2002), Piper, München TB (2004).

Bauer, Joachim: Warum ich fühle was du fühlst. Intuitive Kommunikation und das Geheimnis der Spiegelneurone. Hoffmann und Campe Hamburg (2005).

Bauer, Joachim und Kollegen: Correlation between burnout syndrome and psychological and psychosomatic symptoms among teachers. International Archives of Occupational and Environmental Health, 79: 199–204 (2006).

Bauer, Joachim und Kollegen: Working conditions, adverse events and mental health problems in a sample of 949 German teachers. International Archives of Occupational and Environmental Health 80: 442–449 (2007).

Bauer, Joachim: Lob der Schule. Hoffmann und Campe, Hamburg (2007).

Bauer, Joachim: Beziehungen gestalten – Konflikte entschärfen. Coaching für Lehrergruppen. Ein Manual. Psychologie Heute compact 16: 90–95 (2007).

Bauer, Joachim: Prinzip Menschlichkeit. Warum wir von Natur aus kooperieren. Hoffmann und Campe, Hamburg (2006); Heyne TB (2008).

Bauer, Joachim und Kollegen: Gesundheitsprophylaxe für Lehrkräfte – Manual für Lehrer-Coachinggruppen nach dem Freiburger Modell. Selbstverlag der TU Dresden (2007).

Bauer, Joachim und Kollegen: Belastungserleben und Gesundheit im Pfarrberuf. Deutsches Pfarrerblatt 109: 460–466 (2009).

Bauer, Joachim: Schmerzgrenze. Vom Ursprung alltäglicher und globaler Gewalt. Blessing Verlag, München (2011).

Beard, George M.: Neurasthenia, or nervous exhaustion. Boston Medical and Surgical Journal 80: 217–222 (1869).

Berger, Mathias und Kollegen: Burn-out ist keine Krankheit. Deutsches Ärzteblatt 109: B610-B612 (2012).

Blech, Jörg: Schwermut ohne Scham. Der Spiegel 6/2012, S. 122–131.

Bloch, Ernst: Prinzip Hoffnung. Frankfurt (1959).

Bloch, Ernst: Subjekt – Objekt. Erläuterungen zu Hegel. Frankfurt (1962).

Böckenförde, Ernst-Wolfgang: Woran der Kapitalismus krankt. Süddeutsche Zeitung 24. April (2009).

Braun, Maxi und Kollegen: Burnout, Depression und Substanzgebrauch bei deutschen Psychiatern und Nervenärzten. Nervenheilkunde 27:800–804 (2008).

Braun, Maxi und Kollegen: Depression, burnout and effort-reward-imbalance among psychiatrists. Psychotherapy and Psychosomatics 79: 326–327 (2010).

Brewer, Judson A. und Kollegen: Meditation experience is associated with differences in default mode network activity and connectivity. Proceedings of the National Academy of Sciences USA PNAS. DOI 10.1073/pnas.1112029108 (2011).

Buchholz, Michael B.: Lebensstile und ihre Krankheiten. Psycho-News-Letter Nr. 91 (2012).

Buckner, Randy L. und Kollegen: The brain's default network. Annals of the New York Academy of Sciences 1124: 1–38 (2008).

Bundesagentur für Arbeit. Der Arbeits- und Ausbildungsmarkt in Deutschland. Monatsbericht Januar 2013. www.arbeitsagentur.de.

Bundesministerium für Arbeit und Soziales: Psychische Gesundheit im Betrieb (2011).

Bundesregierung: Armuts- und Reichtumsbericht (2012).

Chenu, Marie-Dominique: Arbeit I. In: J. Ritter (Hrsg.): Historisches Wörterbuch der Philosophie I, Seiten 480–482. Wissenschaftliche Buchgesellschaft, Darmstadt (1971).

Conze, Werner: Arbeit. In: W. Conze und Kollegen (Hrsg.): Geschichtliche Grundbegriffe. Historisches Lexikon zur politisch-sozialen Sprache in Deutschland I, Seiten 154–215. Klett Verlag, Stuttgart (1972).

Cremer, Georg: Der Reform zweiter Teil. Es braucht eine Arbeitsmarktpolitik für gering Qualifizierte. Herder Korrespondenz 60: 26–29 (2006).

Cremer, Georg und Kruip, Gerhard: Reich der Freiheit oder Hartz IV für alle? Sozialethische und ökonomische Überlegungen zum bedingungslosen Grundeinkommen. Stimmen der Zeit, Heft 6. Juni (2009).

DAK (Deutsche Angestellten Krankenkasse): Gesundheitsreport. Hamburg (2009).

DAK (Deutsche Angestellten Krankenkasse): Gesundheitsreport. Hamburg (2012).

Darnell, Julie S.: Free Clinics in the United States. Archives of Internal Medicine 170: 946–953 (2010).

Darwin, Charles: Mein Leben (1887). Insel Verlag, Frankfurt (1993).

Delatte, Dom Paul: Kommentar zur Regel des heiligen Benedikt. S. Haering und Kollegen (Hrsg.): Regula Benedicti Studia Band 23. Eos Verlag, St. Ottilien (2011).

Demerouti, Evangelia: Burnout: Eine Folge konkreter Arbeitsbedingungen bei Dienstleistungs- und Produktionstätigkeiten. Studien zur Arbeits- und Organisationspsychologie. Lang Verlag, Frankfurt a. M. (1999).

Demerouti, Evangelia und Kollegen: A model of burnout and life satisfaction among nurses. Journal of Advanced Nursing 32: 454–464 (2000).

Demerouti, Evangelia und Kollegen: The job demands-resources model of burnout. Journal of Applied Psychology 86: 499–512 (2001).

Descartes, René: Discours de la méthode (1637/1656).

Detje, Richard und Kollegen: Paradigmenwechsel in der Arbeitspolitik. Zeitschrift für Arbeitswissenschaft 60: 140–143 (2006).

Dietrich, Sandra und Kollegen: Depression in the Workplace: A systematic review of evidence-based prevention strategies. International Archives of Occupational and Environmental Health 85: 1–11 (2012).

DGB-Index »Gute Arbeit« – Der Report 2010. Dieser Report basiert auf einer repräsentativen Befragung durch Infratest (2010).

DGB-Index »Gute Arbeit« – Arbeitshetze, Arbeitsintensivierung, Entgrenzung. Dieser Report basiert auf einer 2011 durchgeführten repräsentativen Befragung durch das Umfragezentrum Bonn (2012).

DGPPN (Deutsche Gesellschaft für Psychiatrie, Psychotherapie und Nervenheilkunde): Positionspapier zum Thema Burnout. Der Nervenarzt 4/2012, S. 535–537–542.

Dowideit, Anette und Wisdorff, Flora: Beitrag zu den neuesten Zahlen der Deutschen Rentenversicherung zu deren Frühberentungsstatistiken (»Mit Wellness gegen die Frührente«). Welt am Sonntag, 30. Dezember, S. 27 (2012).

Dubet, François: Ungerechtigkeiten. Hamburger Edition (2008).

Ehrenstein, Claudia: Migranten holen auf. Die Welt, 20. September (2012).

Evert, Hans: Das Versagen der Chefs. Die Welt, 21. März (2012).

Falkai, Peter und Gruber, Oliver: Nachholbedarf bei betrieblicher Gesundheitsförderung in Deutschland. Der Nervenarzt 4/2012, S. 535–537.

Fehlzeitenreport (2012), siehe: Wissenschaftliches Institut der AOK.

Fox, Michael D. und Kollegen: The human brain is intrinsically organized into dynamic, anticorrelated functional networks. Proceedings of the National Academy of Sciences PNAS 102: 9673–9678 (2005).

Freudenberger, Herbert J.: Staff Burn-out. Journal of Social Issues 30: 159–165 (1974).

Gallup Institut: Engagement Index Deutschland 2011 (2012).

Gebele, Niklas: Zur objektiven Erfassung von Tätigkeitsmerkmalen nach dem Job Demand-Control Modell. Manuskript. Dissertation an der Universität Marburg/Lahn (2009/2010).

Gebuhr, Klaus: Die vertragsärztliche Tätigkeit im Lichte des Burnout-Syndroms. NAV-Virchow Bund und Brendan-Schmittmann-Stiftung (2011).

Gerlmaier, Anja und Kollegen: Gesund altern in High-Tech-Branchen?, IAQ-Report (2010).

Gließmann, Wilfried: Frankfurter Rundschau, 27. August (2004).

Greenfield, Patrica M. und Kollegen: Technology and informal education: What is taught and what is learned. Science 323: 69–71 (2009).

Grotlüschen, Anke: »Level-one-Studie«. Online-Newsletter der Universität Hamburg Nr. 24 (2011).

Gryglewski, Stefan: Sicherung der Produktionsarbeit in Deutschland. Beitrag auf der Tagung »Arbeitsorganisation der Zukunft« am Lehrstuhl und Institut für Arbeitswissenschaft der RWTH Aachen am 15. September (2005).

Hahn, Hans-Werner: Die industrielle Revolution in Deutschland. München (2005).

Han, Byung-Chul: Müdigkeitsgesellschaft. Matthes und Seitz, Berlin (2010).

Hans-Böckler-Stiftung: Psychosoziale Arbeitsbelastungen und Gesundheit bei älteren Erwerbstätigen: Eine europäische Vergleichsstudie. Projekt 2–2007–997–4 (2009). Siehe die identische Studie auch unter Siegrist und Kollegen.

Hapke, Ulfert und Kollegen: Studie zur Gesundheit Erwachsener in Deutschland DEGS. Stress, Schlafstörungen, Depression und Burnout – Wie belastet sind wir? Robert-Koch-Institut (2012). Siehe auch Robert-Koch-Institut 2012 (identische Studie).

Hasselhorn, Hans-Martin und Nübling, Matthias: Arbeitsbedingte psychische Erschöpfung bei Erwerbstätigen in Deutschland. Arbeitsmedizin, Sozialmedizin, Umweltmedizin 39: 568–576 (2004).

Headley, Bruce und Kollegen: Long-running German panel survey shows that personal and economic choices, not just genes, matter for happiness. PNAS 107: 17922–17926 (2010).

Herak, Marco: Ihr seid wahrlich systemrelevant! Frankfurter Allgemeine Zeitung, 10. Juli (2012).

Hien, Wolfgang: Arbeitsverhältnisse und Gesundheitszerstörung der Arbeitenden. Eine Forschungsskizze am Beispiel der Entwicklung in Deutschland seit 1970. Soziale Geschichte Online 5: 64–113 (2011).

Hoehner, Christine M. und Kollegen: Commuting distance, cardiorespiratory fitness, and metabolic risk. American Journal of Preventive Medicine doi: 10.1016/j.amepre.2012.02.020 (2012).

Honkonen, Teija und Kollegen: The association between burnout and physical illness in the general population. Journal of Psychosomatic Research 61: 59–66 (2006).

Hrouda, Barthel: Mesopotamien. Verlag C.H. Beck, München (1997).

IAQ-Report. Institut Arbeit und Qualifikation der Universität Duisburg-Essen (2010). Siehe Gerlmaier und Kollegen (identische Studie).

Internationales Arbeitsamt Genf: Das Vorgehen gegen Kinderarbeit forcieren. www.ilo.org/declaration (2010).

Jacobi, Frank und Kollegen: Psychische Störungen in der deutschen Allgemeinbevölkerung. Bundesgesundheitsblatt, Gesundheitsforschung, Gesundheitsschutz 47: 763–744 (2004).

Jäger, Reinhold S.: Mobbing von Lehrkräften. Manuskript aus dem Zentrum für empirische pädagogische Forschung der Universität Koblenz-Landau (2012).

Johannes Paul II.: Laborem Exercens. Enzyklika (1981). Der Text ist im Internet verfügbar.

Jünger, Ernst (erstmals erschienen 1932): Der Arbeiter. Herrschaft und Gestalt. Klett-Cotta, Stuttgart (2007).

Kamp, Lothar und Pickshaus, Klaus (Hrsg.): Regelungslücke psychische Belastungen schließen. Dokumente und Gutachten der Hans Böckler Stiftung. Setzkasten GmbH (2011).

Kant, Immanuel: Anthropologie in pragmatischer Hinsicht, § 87 (1798).

Karasek, Robert A.: Job demands, job decision latitude, and mental strain: Implications for job redesign. Administrative Science Quarterly 24: 285–308 (1979).

Karasek, Robert A. und Kollegen: Job decision latitude, job demands and cardiovascular disease: a prospective study of Swedish men. American Journal of Public Health 71: 694–705 (1981).

Karasek, Robert A. und Kollegen: The job content questionnaire (JCQ). Journal of Occupational Health Psychology 3: 322–355 (1998).

Kaschka, Wolfgang P.: Mode-Diagnose Burnout. Deutsches Ärzteblatt 108: 781–787 (18. November 2011).

Kessler, Ronald C. und Kollegen: The global burden of mental diseases. Epidemiologia e Psychiatria Sociale 18: 23–33 (2009).

Kishida, Kennneth T. und Kollegen: Implicit signals in small group settings and their impact on the expression of cognitive capacity and associated brain responses. Philosophical Transactions of The Royal Society B 367: 704–716 (2012).

Kivimäki, Mika und Kollegen: Workplace bullying and the risk of cardiovascular disease and depression. Occupational and Environmental Health 60: 779–783 (2003).

Kivimäki, Mika und Kollegen: Job Strain as a risk factor for coronary heart disease. The Lancet doi: 10.1016/50140–6736(12)60994–5. September 14 (2012).

Körner, Thomas und Kollegen: Qualität der Arbeit. Statistisches Bundesamt (2012).

Kowalski, Heinz: Burnout im Gesundheitswesen. Institut für Betriebliche Gesundheitsförderung (2011).

Kroll, Lars Erich und Kollegen: Arbeitsbelastungen und Gesundheit. GBE Kompakt 2(5) (2011). Siehe auch Robert-Koch-Institut 2011 (identische Studie).

Kuhn, Andreas und Kollegen: Fatal attraction? Access to early retirement and mortality. Forschungsinstitut zur Zukunft der Arbeit. Discussion Paper No. 5160 (2010).

Lafargue, Paul (1880/1883): Das Recht auf Faulheit (Le droit à la paresse). Trotzdem Verlagsgenossenschaft, Frankfurt (2010).

Lancet Dezember 2012: Global Burden of Diseases Study. Lancet 380: 2053–2260 (2012). Ein gesamtes Heft dieses medizinischen Spitzenjournals hat sich in verschiedenen Beiträgen mit der globalen Gesundheitssituation befasst.

Lederbogen, Florian und Kollegen: City living and urban upbringing affect neural social stress processing in humans. Nature, doi: 10.10038/nature10.190, Vol. 474: 498–501 (2011).

Lenin, Wladimir Iljitsch: Werke, Band 25. Staat und Revolution Teil 5, V. Kapitel. Dietz Verlag Berlin (1972).

Lück, Helmut E.: Anfänge der Wirtschaftspsychologie bei Kurt Lewin. Gestalt Theory 33: 91–114 (2011).

Luther, Martin: Eine Predigt vom Ehestand. Wittenberg (1525). Nachzulesen u.a. unter www.glaubensstimme.de/dku.php?id=autoren: 1:luther:e:eine_predigt_vom_ehestand

Maslach, Christina: Burned-out. Human Behavior 9: 16–22 (1976).

Maslach, Christina und Jackson, Susan E.: The measurement of experienced burnout. Journal of Occupational Behavior 2: 99–113 (1981a).

Maslach, Christina und Jackson, Susan E.: The Maslach Burnout Inventory (Research edition). Palo Alto, CA: Consulting Psychologists Press (1981b).

Maslach, Christina und Kollegen: The Maslach Burnout Inventory (3rd ed.). Palo Alto, CA: Consulting Psychologists Press (1996).

Maslach, Christina und Kollegen: Job Burnout. Annual Review of Psychology 52: 397–422 (2001).

Mason, Maila F. und Kollegen: Wandering minds: The default network and stimulus-independent thought. Science 315: 393–395 (2007).

Marx, Karl: Ökonomisch-philosophische Manuskripte (1844).

McEwen, Bruce: Allostasis and allostatic load: Implications for Neuropsychopharmacology. Neuropsychopharmacology 22: 108–124 (2000).

McEwen, Bruce: Sex, stress and the hippocampus: allostasis, allostatic load and the aging process. Neurobiology of Aging 23: 921–939 (2002).

Meck, Georg und Kollegen: Geht es bei uns gerecht zu? Frankfurter Allgemeine Sonntagszeitung. 30. September (2012).

Meschkutat, Bärbel und Kollegen: Der Mobbing-Report – Repräsentativstudie für die Bundesrepublik Deutschland. Wissenschaftsverlag NRW; Dortmund (2002).

Meyer, Rainer: Diese verflixten tausend Euro. Frankfurter Allgemeine Zeitung, 18. Juli (2012).

Möller-Leimkühler, Anne Maria: Männer, Depression und »männliche Depression«. Fortschr. Neurol. Psychiat. 77: 412–422 (2009).

Moffitt, Terrie Edith und Kollegen: A gradient of childhood self-control predicts health, wealth, and public safety. Proceedings of the National Academy of Sciences PNAS. Doi: 101073/pnas.1010076108 (2011).

Miller, Alice: Am Anfang war Erziehung. Suhrkamp Verlag, Frankfurt/Berlin (1983).

Müller, Severin: Phänomenologie und philosophische Theorie der Arbeit. Karl Alber Verlag, Freiburg. Band 1 (1992), Band 2 (1994).

Murray, Christopher J.L. und Lopez, Alan D.: Alternative projections of mortality and disability by cause 1990–2020: Global Burden of Disease Study. Lancet 349:1498–1504 (1997).

Nietzsche, Friedrich: Die fröhliche Wissenschaft (1882).

Öchsner, Thomas: Vernachlässigte Psyche. Die Bundesregierung räumt große Probleme beim Arbeitsschutz ein. Süddeutsche Zeitung, 24. Juli (2012).

Özdogan, Mehmet und Kollegen (Hrsg.): The Neolithic Turkey. Archaeology and Art Publications, Istanbul (2011).

Pereza, Pablo: Das Recht auf Faulheit – 100 Jahre später (Einleitung zu Lafargue, 1880/1883).

Pfaff, Holger: Beruflicher Stress: Ursachen und Vermeidungsstrategien. Skript (20.9.2011). Der Autor lehrt am Institut für Medizinsoziologie der Universität Köln.

Piper, Nikolaus: Warum Marx unrecht hat. Süddeutsche Zeitung 21. September (2012).

Plickert, Philip: Wer wird Millionär? Frankfurter Allgemeine Zeitung 6. Oktober (2012).

Poncet, Marie C. und Kollegen: Burnout syndrome in critical care nursing staff. American Journal of Respiratory and Critical Care Medicine 175: 698–704 (2007).

Prince, Martin: No health without mental health. Lancet 370: 859–877 (2007).

Raffelhüschen, Bernd und Schöppner, Klaus-Peter: Glücksatlas 2012. Albrecht Knaus Verlag, München (2012).

Raichle, Marcus E. und Kollegen: A default mode of brain function. Proceedings of the National Academy of Sciences PNAS 98: 676–682 (2001).

Raichle, Marcus E.: Two views of brain function. Trends in Cognitive Sciences 14: 180–190 (2010).

Rau, Renate und Kollegen: Untersuchung arbeitsbedingter Ursachen für das Auftreten von depressiven Störungen. BAuA Forschungsbericht F 1865. Dortmund (2010).

Robert-Koch-Institut. GBE Kompakt: Arbeitsbelastungen und Gesundheit (2011). Siehe auch Kroll und Kollegen (identische Studie).

Robert-Koch-Institut: Studie zur Gesundheit Erwachsener in Deutschland DEGS (2012). Siehe auch Hapke und Kollegen (identische Studie).

Rosa, Hartmut: Is there anybody out there? Stumme und resonante Weltbeziehung – Charles Taylors monomanischer Analysefokus. In: M. Kühnlein, M. Lutz-Bachmann (Hrsg.): Unerfüllte Moderne? Neue Perspektiven auf das Werk von Charles Taylor. Suhrkamp, Frankfurt/Berlin (2011).

Rosa, Hartmut: Ist da draußen jemand? Frankfurter Rundschau, 18./19. Juni (2011).

Rosa, Hartmut: Ändere doch mal dein Leben. Interview. Frankfurter Allgemeine Zeitung, 27. Juli (2011).

Rosa, Hartmut: from work-life to work-age balance? Acceleration, alienation and appropriation at the Workplace. Manuskript (2012).

Rosa, Hartmut: Arbeit und Entfremdung. Manuskript (2012).

Rosa, Hartmut: Weltbeziehung im Zeitalter der Beschleunigung. Suhrkamp, Frankfurt/Berlin (2012).

Rose, Uwe und Kollegen: Intention as an indicator for subjective need: A new pathway in need assessment. Journal of Occupational Medicine and Toxicology 5:20 (2010).

Rumpf, Hans-Jürgen und Kollegen: Prävalenz der Internetabhängigkeit (PINTA Studie). Bericht an das Bundesministerium für Gesundheit. Universität zu Lübeck und Universitätsmedizin Greifswald. Manuskript (2012).

Russell, Bertrand: Lob des Müßiggangs. Deutscher Taschenbuch Verlag, München (2006).

Schaarschmidt, Uwe und Kieschke, Ulf: Differentielle Psychologie im Arbeits- und Berufsbereich. In: K. Pawlik (Hrsg.): Theorien und Anwendung der Differentiellen Psychologie (Enzyklopädie der Psychologie, Themenbereich C, Serie VIII, Band 5, S. 741–774). Hogrefe, Göttingen (2004).

Schaarschmidt, Uwe und Fischer, Andreas W.: AVEM. Arbeitsbezogenes Erlebens- und Verhaltensmuster. Dritte erweiterte Auflage. Pearson. London (2008).

Schaufeli, Wilmar B. und Kollegen: Burnout: 35 years of research and practice. Career Development International 14: 204–220 (2009).

Scherzinger, Klaus: Kapitalismus, Ökonomismus, Konsumismus. In: Forum Schulstiftung 56. Freiburg (2012).

Schilling, Heinz: Martin Luther: Rebell in einer Zeit des Umbruchs. C. H. Beck (2012).

Schirrmacher, Frank: Bürgerliche Werte: »Ich beginne zu glauben, dass die Linke recht hat«. Frankfurter Allgemeine Zeitung 15. August (2011).

Schmidt, Klaus: Sie bauten die ersten Tempel. C. H. Beck, München (2006).

Schmidt, Klaus: Göbekli Tepe. In: M. Özdogan, N. Basgelen und P. Kuniholm (Hrsg.): The Neolithic Turkey. Archaeology and Art Publications, Istanbul (2011).

Schulz, Matthias: Die rohe Botschaft. Der Spiegel 17, S. 107–116 (2011).

Sedmak, Clemens und Schweiger, Gottfried: Work 2030 and beyond. Internationales Forschungszentrum für soziale und ethische Fragen. Manuskript. Salzburg (2012).

Seltz, Gebhard J.: Sumerer und Akkader. C.H. Beck, München (2005).

Seneca, Lucius Annaeus: Von der Gelassenheit (De tranquilitate animi). Deutscher Taschenbuch Verlag, München (2010).

Sennett, Richard: The Culture of the New Capitalism. Yale University Press (2006). Deutsche Ausgabe: Die Kultur des neuen Kapitalismus. Bloomsbury Berlin (2007).

Siegrist, Johannes: Adverse health effects of high effort – low reward conditions at work. Journal of Occupational Health Psychology 1: 27–43 (1996).

Siegrist, Johannes und Kollegen: Psychosoziale Arbeitsbelastungen und Gesundheit bei Erwerbstätigen: Eine europäische Vergleichsstudie. Hans Böckler Stiftung (2009).

Siegrist, Johannes: Gratifikationskrisen am Arbeitsplatz und ihre Folgen. 11. DGPPN-Hauptstadtsymposium. Berlin 7.3. (2012).

Soff, Marianne: Von der psychischen Sättigung zur Erschöpfung des Berufswillens. Kurt Lewin und Anitra Karsten als Pioniere der Burnout-Forschung. Gestalt Theory 33: 183–200 (2011).

Sperfeld, Enrico: Arbeit als Gespräch. Jozef Tischners Ethik der Solidarnosc. Karl Alber, Freiburg/München (2012).

Spiegel Online: Selbstmordserie – France Telekom Mitarbeiter verbrennt sich selbst. 26. April (2011).

Spitzer, Manfred: Digitale Demenz. Droemer Verlag, München (2012).

Statistisches Bundesamt: Niedriglohn und Beschäftigung 2010 (2012).

Statistisches Bundesamt: Qualität der Arbeit (2012) (identisch mit Körner und Kollegen, 2012).

Statistisches Bundesamt: Bevölkerung mit Migrationshintergrund (2012).

Stöbel-Richter, Yve und Kollegen: Prävalenz von psychischer und physischer Erschöpfung in der deutschen Bevölkerung und deren Zusammenhang mit weiteren psychischen und somatischen Beschwerden (in press, 2013).

Straub, Andreas: Anleitung zum Schweinsein. Die Zeit, 25. Oktober (2012).

Stressreport Deutschland 2012. Erstellt von Andrea Lohmann-Haislah und Kollegen, herausgegeben von der Bundesanstalt für Arbeitsschutz und Arbeitsmedizin Berlin (publiziert im Januar 2013). www.baua.de/dok/3430796

Taylor, Charles: Quellen des Selbst. Suhrkamp Verlag, Frankfurt/Berlin (1996).

Taylor, Charles: Ein säkulares Zeitalter. Suhrkamp Verlag Frankfurt/ Berlin (2012).

TK (Techniker Krankenkasse) Gesundheitsreport 2012: Arbeitsunfähigkeiten (2012).

TK (Techniker Krankenkasse) Gesundheitsreport 2012: Mobilität, Flexibilität, Gesundheit (2012).

Tsai, Shan P. und Kollegen: Age at retirement and long term survival of an industrial population. Britsh Medical Journal doi: 10.1136/ bmj.38586.448704.EO (2005).

Unrath, Michael und Kollegen: Psychische Gesundheit von Hausärzten in Rheinland-Pfalz. Deutsches Ärzteblatt 109: 201–207 (2012).

Unterbrink, Thomas und Kollegen: Burnout and effort-reward-imbalance in a sample of 949 German teachers. International Archives of Occupational and Environmental Health 80: 433–441 (2007).

Unterbrink, Thomas und Kollegen: Parameters influencing health variables in a sample of 949 German teachers. International Archives of Occupational and Environmental Health 82: 117–123 (2008).

Unterbrink, Thomas und Kollegen: Improvement in school teachers' mental health by a manual-based psychological group program. Psychotherapy and Psychosomatics 79: 262–264 (2010).

Unterbrink, Thomas und Kollegen: Burnout and effort – reward imbalance improvement for teachers by a manual-based group program. International Archives of Occupational and Environmental Health 85: 667–74 (2012).

Unterbrink, Thomas und Kollegen: A manual-based group program to improve mental health: what kind of teachers are interested and who stands to benefit from this program? International Archives of Occupational and Environmental Health. Doi: 10.1007/s00420-012-0832-y (2012).

Unternaehrer, Eva und Kollegen: Dynamic changes in DNA methylation of stress-associated genes (OXTR, BDNF) after acute psychosocial stress. Translational Psychiatry 2: e150. Doi: 10.1038/tp.2012.77 (2012).

Urban, Hans-Jürgen und Pickshaus, Klaus: Prekäre oder regulierte Flexibilität? Eine Positionsbestimmung. In: Fehlzeitenreport (2012).

Urban, Hans-Jürgen und Kollegen: Das Handlungsfeld psychische Belastungen. In: Jahrbuch Gute Arbeit (Hrsg. Lothar Schröder und Hans-Jürgen Urban), Bund Verlag (2012).

Ustorf, Anne-Ev: Kollege Fürchterlich. Süddeutsche Zeitung 29.9.2012.

Virtanen, Marianna und Kollegen: Overtime work as a predictor of major depressive episode. PLoS One 7:e30719. Doi:10.1371/journal.pone.0030719.

Vohs, Kathleen D. und Kollegen: The psychological consequences of money. Science 314: 1154–1156 (2006).

Vohs, Kathleen D. und Kollegen: Merily activating the concept of money changes personal and interpersonal behavior. Current Directions in Psychological Science 17: 208–212 (2008).

Vorwerk Familienstudie 2011. Ergebnisse einer repräsentativen Bevölkerungsumfrage zur Familienarbeit in Deutschland. Institut für Demoskopie Allensbach (2011).

Vorwerk Familienstudie 2012. Ergebnisse einer repräsentativen Bevölkerungsumfrage zur Familienarbeit in Deutschland. Institut für Demoskopie Allensbach (2012).

Waldron, Hilary: Links between early retirement and mortality. Social Security Administration, Washington, D.C., ORES Working Paper Series Number 93 (2001).

Weber, Frank: Auch Mitarbeiter kann man motivieren. Frankfurter Allgemeine Zeitung, 29. Mai (2012). Der Autor berichtete hier über eine Gallup-Umfrage zum Mitarbeiter-Engagement am Arbeitsplatz.

Weber, Max (1904/1905): Die protestantische Ethik und der Geist des Kapitalismus. C.H. Beck, München (2010).

Wehler, Hans-Ulrich: Deutsche Gesellschaftsgeschichte. Band 2: Von der Reformära bis zur industriellen und politischen Deutschen Doppelrevolution 1815–1845/1849. München (1989).

Wehler, Hans-Ulrich: Deutsche Gesellschaftsgeschichte. Band 3: Von der Deutschen Doppelrevolution bis zum Beginn des Ersten Weltkriegs. München (1995).

Die Welt: France-Telekom-Ex-Chefs wegen Selbstmorden vor Gericht. Welt Online, 6. Juli (2012).

Weissman, Daniel H. und Kollegen: The neural bases of momentary lapses in attention. Nature Neuroscience 9: 971–978 (2006).

Wissenschaftliches Institut der AOK: Fehlzeitenreport (2012).

Woolley, Anita W. und Kollegen: Evidence for a collective intelligence factor in the performance of human groups. Science 330: 686–688 (2010).

Zhou, Xinyue und Kollegen: The symbolic power of money. Psychological Science 20: 700–706 (2009).

Ziegler, Dieter: Die Industrielle Revolution. Wissenschaftliche Buchgesellschaft, Darmstadt (2005).

Zimmermann, Linda und Kollegen: Mental health and patterns of work-related coping behaviour in a German sample of student teachers: a cross-sectional study. International Archives of Occupational and Environmental Health 85: 865–76 (2012).

Anmerkungen

1 Siehe dazu unter anderen Sennett (2006) und Han (2010).
2 Bauer (2004, 2006, 2007), Unterbrink (2007, 2008, 2010, 2012), Rose (2010), Zimmermann (2012).
3 Obwohl ich Anhänger der absoluten Gleichberechtigung der Frau bin, werde ich in diesem Buch, der besseren Lesbarkeit wegen, nur gelegentlich explizit beide Geschlechter nennen. Es sind jedenfalls immer beide Geschlechter gemeint.
4 Klaus Schmidt, persönliche Mitteilung. Zur »Erfindung der Arbeit« siehe Kapitel 6.
5 Sennett (2006).
6 Johannes Paul II. (1981).
7 Den Begriff der Wohlstandsverwahrlosung hat m.W. der Hannoveraner Jurist, Kriminologe und Bildungsforscher Christian Pfeiffer geprägt.
8 Sperfeld (2012).
9 Bauer (2005).
10 Taylor (1996, 2012), Rosa (2011, 2012).
11 Statistisches Bundesamt: Qualität der Arbeit (2012), S. 64.
12 Bei Hegel hatte die Entfremdung allerdings keine negative Bedeutung, er sah sie als eine notwendige Voraussetzung des voranschreitenden Erkenntnisprozesses.
13 Statistisches Bundesamt: Qualität der Arbeit (2012).
14 Befragung des Gallup Institutes (2012).
15 Idem.
16 DGB Index »Gute Arbeit« – Der Report 2010 (2010).
17 Befragung des Umfrageinstitutes Technologia, zitiert nach Badische Zeitung vom 7.3.2012.
18 Raffelhüschen und Schöppner (2012).
19 Headley und Kollegen (2010).
20 Vorwerk Familienstudie (2011), S. 46.
21 Headley und Kollegen (2010), s. Tabelle 1.
22 Möller-Leimkühler (2009).

23 Zahlen, die für Männer ein geringeres Depressionsrisiko angeben, sind trügerisch, denn Männer zeigen bei einer depressiven Störung andere Symptome als Frauen. Bei den Suiziden liegen Männer aller Altersgruppen um ein Mehrfaches vor dem weiblichen Geschlecht (Möller-Leimkühler, 2009).

24 Raffelhüschen und Schöppner (2012), siehe Abbildung 42.

25 Waldron (2001), Tsai und Kollegen (2005), Bamia und Kollegen (2008), Kuhn und Kollegen (2010).

26 Tsai und Kollegen (2005), Kuhn und Kollegen (2010).

27 Genesis 1,28.

28 Genesis 3,19.

29 Genesis 4,3–8.

30 Johannes Paul II. (1981).

31 Matthäus 20,1–16.

32 Matthäus 6,26.

33 2. Thessalonicher 3,10.

34 Lenin (1972).

35 Luther (1525).

36 Zitiert nach Conze, S. 163 (1972).

37 Zitiert nach Conze, S. 172 (1972).

38 Zitiert nach Conze, S. 169 (1972).

39 Kant (1789).

40 Marx (1844).

41 Zitiert nach Conze, S. 204 (1972).

42 Zur Biografie Lafargues siehe u. a. Pablo Pereza: Das Recht auf Faulheit – 100 Jahre später. In: Lafargue (1880/1883/2010).

43 Lafargue (1880/1883/2010).

44 Bei diesem Zitat handelt es sich um die letzten drei Zeilen Lessings Gedichtes »Die Faulheit«.

45 Müller (1992/1994).

46 Müller (1992/1994).

47 Bloch (1959).

48 Bloch (1962).

49 Arendt (1960).

50 Selbstverständlich ist der bisher gegebene kurze Abriss keine auch nur annähernd hinreichende Darstellung dessen, was seit der

»Erfindung der Arbeit« vor rund 12 000 Jahren über diese gedacht, gesagt und geschrieben wurde. Ein etwas ausführlicherer Überblick über die – teilweise reichlich kuriose – Geschichte der Konzepte und Ideologien zum Thema Arbeit findet sich in Kapitel 6.

51 Bauer (2011), siehe dort Kapitel 5 und 6.

52 Eine ausführliche Beschreibung des Motivationssystems findet sich in meinem Buch »Prinzip Menschlichkeit« (Bauer, 2006).

53 »Deshalb ist man jetzt überzeugt davon, dass die meisten oder alle fühlenden Wesen sich durch natürliche Selektion dergestalt entwickelt haben, dass sie sich habituell von angenehmen Empfindungen leiten lassen.« (Darwin, 1887). Darwin fährt dann unmittelbar fort: »Das sehen wir an der Freude bei Kraftanstrengungen, bisweilen sogar bei großen körperlichen oder geistigen Anstrengungen – an der Freude bei unseren täglichen Mahlzeiten und ganz besonders an der Freude, die wir aus Geselligkeit und Liebe zu unseren Familien gewinnen.«

54 Charles Darwin nahm damit die heute vorliegenden neurobiologischen Erkenntnisse vorweg.

55 Dass Geld – neurobiologisch bzw. psychologisch betrachtet – ein Ersatz für soziale Zuwendung ist, zeigen eine Reihe von eleganten Experimenten von Kathleen Vohs (Vohs und Kollegen, 2006, 2008; Zhou und Kollegen, 2009).

56 Synonym mit »sympathy« wird in der englischen Fachliteratur auch das Wort »compassion« gebraucht. Die Unterscheidung zwischen »empathy« und »sympathy«/»compassion« ist grundsätzlich sinnvoll, denn prinzipiell vorstellbar ist, dass ein Sadist zwar den Schmerz seines Opfers fühlt, sein Opfer dessen ungeachtet (oder vielleicht sogar gerade deswegen) quält. Ob Sadisten wirklich fühlen können, was andere fühlen, oder ob es sich bei ihnen nicht vielmehr um gefühlskalte Psychopathen handelt, die sich den Schmerz anderer zwar vorstellen, ihn aber nicht fühlen können, ist noch nicht sicher geklärt.

57 Eine Übersicht über die neuronalen Resonanzsysteme – sie werden auch als Spiegelsysteme bezeichnet – findet sich bei Bauer (2005).

58 Allerdings lässt sich diese Resonanz auch dann auslösen, wenn wir andere Menschen in einem Film oder Videoclip sehen. Auch die in modernen Videospielen gezeigten virtuellen menschlichen Figuren lösen – aufgrund ihrer großen Realitätsnähe – neuronale Resonanz aus.

59 Der Autismus, eine Beeinträchtigung, bei der die neuronalen Resonanzsysteme nicht funktionieren, hat zur Folge, dass die Betroffenen kein Gefühl dafür haben, wie es anderen Menschen, mit denen sie zusammen sind, gerade geht. Der Autismus kommt beim männlichen Geschlecht etwa 10 Mal häufiger vor als bei Frauen.

60 Woolley und Kollegen (2010).

61 Das männliche Geschlecht besitzt ein Mehr an Testosteron, eines Hormons, welches Konkurrenzverhalten begünstigt. Konkurrenz an sich muss nichts Schlechtes bedeuten, wenn es darum geht, für Probleme die besten und effektivsten Lösungen zu finden. Doch immer mehr Menschen, auch wir Männer, erkennen, dass übertriebenes (männliches) Konkurrenzverhalten und mangelnde (weibliche) Kooperationsfähigkeit dabei sind, die Welt – auch die Gesundheit am Arbeitsplatz – zu ruinieren.

62 Eine Möglichkeit, sich hierin zu üben, ist die wissenschaftlich gut erforschte »Loving Kindness Meditation« (Brewer und Kollegen, 2011). Die Schwierigkeit, intuitive Einfühlung zu trainieren, ist einer der Gründe, warum die Therapie von Autisten, bei denen im Bereich der Empathiesysteme eine Störung vorliegt, seit Jahren auf der Stelle tritt. Derzeit laufen Versuche, Autisten mit (künstlich hergestelltem) Oxytozin zu behandeln, gesicherte Ergebnisse dazu liegen noch nicht vor.

63 Moffitt und Kollegen (2011).

64 Von großer Bedeutung ist, dass Supervisionsgruppen von fachlich qualifizierten Moderatoren und nicht von einem selbst ernannten »Coach« ohne spezifische psychologische Qualifikation geleitet werden. Qualifizierte Supervisoren/innen sind Psychologen/innen oder Sozialarbeiter/innen mit Supervisions-Zusatzausbildung, aber auch psychotherapeutisch ausgebildete Ärzte/innen.

65 Bundesministerium für Arbeit und Soziales (2011), siehe dort S. 39 und 40.

66 In der Fachsprache wird dieses System als »Default Mode Network« (DMN) bezeichnet.

67 Es handelt sich um das Stressgen Corticotropin-Releasing-Hormone (CRH), es wird im Stresszentrum namens Hypothalamus aktiviert. Das vom Stressgen CRH produzierte Protein gleichen Namens wirkt zunächst auf die Hirnanhangdrüse (Hypophyse), wo ein Botenstoff (namens ACTH) freigesetzt wird, der dann schließlich in der Nebennierenrinde zur Freisetzung des Stresshormons Cortisol führt. Cortisol wiederum verbessert die Bereitstellung von Glucose, ohne die weder Gehirn noch Muskulatur Leistung erbringen können. Der ganze Vorgang braucht wenige Sekunden bis Minuten. Eine ausführliche, übersichtliche und allgemein verständliche Darstellung des Stresssystems findet sich bei Bauer (2002).

68 Die Hinzufügung der englischen Begriffe ist nicht als Marotte zu verstehen, sondern entspricht den Ausdrücken in der Fachliteratur. Es könnte sein, dass einige Leser/innen dies interessiert.

69 McEwen (2000, 2002), Übersicht bei Bauer (2002).

70 McEwen (2000, 2002).

71 Übersicht bei Bauer (2002).

72 Die Erkenntnis, dass gleiche äußere Situationen bei unterschiedlichen Menschen zu unterschiedlich starken Stressreaktionen führen, bildet den Kern des einst vom US-Psychologen Richard Lazarus (1922–2002) formulierten »Transaktionalen Stressmodells«. Siehe auch McEwen (2000); Bauer (2002); Bundesministerium für Arbeit und Soziales (2011).

73 Han (2010). Han lehrte lange an der Universität Basel, dann kurze Zeit in Karlsruhe und ist jetzt an der Universität der Künste in Berlin als Philosophieprofessor tätig.

74 Bundesministerium für Arbeit und Soziales (2011).

75 Raichle und Kollegen (2001); Fox und Kollegen (2005); Mason und Kollegen (2007); Buckner und Kollegen (2008); Raichle (2010); Anticevic und Kollegen (2012).

76 »Default Mode« heißt »abgeschalteter Zustand«. Da man zunächst annahm, man habe es mit einem »abgeschalteten Zustand« des Gehirns zu tun, wenn keine spezifischen Aufgaben zu bewälti-

gen sind, sprach man von einem »Default Mode Network«. Inzwischen ist klar, dass es sich um alles andere als einen »Default Mode« handelt, der Name wurde aber beibehalten.

77 Weissman und Kollegen (2006); Anticevic und Kollegen (2012), Experimente, die für die Bundesanstalt für Arbeitsschutz und Arbeitsmedizin durchgeführt wurden, zeigen, dass Multitasking am Arbeitsplatz die geistige Fitness beeinträchtigt und nicht nur das Risiko erhöht, bei der Arbeit Fehler zu machen, sondern vor allem, Fehler nicht zu erkennen und nicht zu korrigieren (Stressreport Deutschland 2012, 2013, siehe Seiten 129–133).

78 Rumpf und Kollegen (2012).

79 Aufmerksamkeits- und Hyperaktivitätsstörung (»Attention Deficit Hyperactivity Syndrome«).

80 Greenfield (2009).

81 Raichle und Kollegen (2001); Buckner und Kollegen (2008); Anticevic und Kollegen (2012).

82 Übersicht bei Bauer (2011). Dass das Gehirn soziale Ausgrenzung wie körperlichen Schmerz wahrnimmt, hat evolutionäre Gründe. Der Mensch und seine evolutionären Vorfahren lebten seit Jahrmillionen in sozialen Gruppen. Von der Gemeinschaft ausgegrenzt zu werden, bedeutete den Tod. Daher hat das Gehirn des Menschen sich dahingehend entwickelt, soziale Ausgrenzung – ebenso wie körperliche Angriffe – als existenzielle Gefahr zu interpretieren.

83 Eine ausführliche Übersicht zur Entstehung und zu den verschiedenen Formen depressiver Erkrankungen findet sich bei Bauer (2002).

84 Häufig wird Spiritualität (dieser Begriff bezeichnet eine Haltung, die den Menschen als ein sinnsuchendes Wesen begreift) mit Spiritismus verwechselt (dieser Begriff bezeichnet den Glauben an magische Kräfte). Spiritualität bedeutet – im Gegensatz zum Spiritismus – weder eine Infragestellung der wissenschaftlichen Gesetze noch der Schulmedizin. Spiritismus und der Glaube an magische Kräfte ist Unsinn.

85 Bundesministerium für Arbeit und Soziales (2011), siehe Seite 22.

86 Antonovsky (1997).

87 Englisch, zu Deutsch: »ein Sinn für Sinnzusammenhänge«.

88 Eine ausführliche Übersicht über die Posttraumatische Belastungs-störung und andere Trauma-Folgekrankheiten findet sich bei Bauer (2002).

89 Dubet (2008). Das Buch dieses französischen Soziologen beruht auf einer breit angelegten empirischen Untersuchung.

90 Dies bedeutet nicht, dass solchen Kollegen Privilegien zugestan-den werden müssten. Der Gedanke an möglicherweise besonders gravierende Vorerfahrungen eines »schwierigen« Mitarbeiters sollte es aber leichter machen, auf Ausgrenzungsaktionen zu verzichten, und könnte helfen, stattdessen mit einem solchen Menschen das Gespräch zu suchen.

91 Internationales Arbeitsamt Genf (2010).

92 Andrees und Belser (2009). Ein Executive summary findet sich auf der Website der International Labor Organization. www.ilo.org.

93 Prince (2007), Kessler und Kollegen (2009), Lancet (2012).

94 DGB Index Gute Arbeit (2010).

95 DGB Index Gute Arbeit (2010).

96 Robert Koch Institut (2011). Bei dieser von Lars Kroll, Stephan Müters und Nico Dragano geleiteten Untersuchung wurden 22 000 Menschen über 18 Jahre innerhalb der Wohnbevölkerung kontak-tiert, von denen sich über 13 000 an der Befragung beteiligten. Die befragte, aus der erwachsenen Wohnbevölkerung stammende Population war also geringfügig anders zusammengesetzt (z. B. enthielt sie vermutlich Frührentner und momentan Arbeitslose) im Vergleich zu Populationen, die direkt am Arbeitsplatz erfasst wur-den. Dies erklärt geringfügige Unterschiede bei einigen Teilergeb-nissen im Vergleich zu Befragungen, die direkt bei aktuell Beschäf-tigten durchgeführt wurden.

97 DGB Index Gute Arbeit (2010); ähnliche Zahlen fanden sich in einer Studie der Universität Duisburg-Essen bei Beschäftigten im IT-Bereich: 2001 hatten noch 57 % angegeben, ihre Arbeit auf Dauer durchhalten zu können, 2009 bejahten diese Frage nur noch 37 % (IAQ-Report, 2010).

98 Robert Koch Institut (2011), s. Tabelle 2.

99 Robert Koch Institut (2011), s. Tabelle 3.

100 Statistisches Bundesamt: Bevölkerung mit Migrationshintergrund (2012). Die nachfolgend aufgeführten Zahlen zu den Anteilen junger Leute ohne Schulabschluss oder Berufsausbildung stammen von Cremer (2006).

101 Die Angeben zu Erwerbstätigen- und Arbeitslosenzahlen entsprechen dem Stand Januar 2013. Siehe Bundesagentur für Arbeit (2013); Statistisches Bundesamt: Qualität der Arbeit (2012).

102 Vorwerk Familienstudie (2012).

103 Die saisonbereinigte Arbeitslosenquote liegt nach Angaben der Arbeitsagentur bei 5,3 % (Bundesagentur für Arbeit, 2013).

104 Die Angaben schwanken hier leicht, je nach Studie und Erhebungsmethode. Siehe Statistisches Bundesamt: Qualität der Arbeit (2012); Stressreport Deutschland 2012 (2013). Die geringste wöchentliche Arbeitszeit innerhalb der EU haben bei Vollzeitbeschäftigten angeblich Frankreich (38,3 Wochenstunden) und Finnland (39,7), die höchsten haben angeblich Griechenland (44,6 Wochenstunden) und Rumänien (44) (Stressreport 2012).

105 Auch hier schwanken die Angaben etwas, je nach Studie und Erhebungsmethode. Siehe Statistisches Bundesamt: Qualität der Arbeit (2012); Stressreport Deutschland 2012 (2013).

106 Stressreport Deutschland 2012 (2013); Statistisches Bundesamt: Qualität der Arbeit (2012).

107 Stressreport Deutschland 2012 (2013); Statistisches Bundesamt: Qualität der Arbeit (2012), Bundesministerium für Arbeit und Soziales (2011). Das Bundesministerium für Arbeit und Soziales (2011) vermeldete, 60 % aller Erwerbstätigen gäben an, mehr als 40 Stunden pro Woche zu arbeiten. Hier genannt sind die Zahlen aus dem Stressreport 2012, die verschiedene Grade der wöchentlichen Mehrarbeit unterscheiden und sich nur auf abhängig Beschäftigte beziehen. Eine andere Herangehensweise ist die Erfassung derer, die – unabhängig von ihrem Einsatz als Vollzeit- oder Teilzeitkräfte – mehr als 10 Überstunden pro Woche leisten, wovon 20 % aller Beschäftigten betroffen sind, siehe DGB-Index Gute Arbeit (2011).

108 Stressreport Deutschland 2012 (2013); Bundesministerium für Arbeit und Soziales (2011). Robert Koch Institut (2011), Urban

und Pickshaus (2012). Die vom Bundesministerium für Arbeit und Soziales (2011) genannten Zahlen zu wöchentlicher Mehrarbeit sowie zu Samstags-, Sonntags- und Feiertagsarbeit differieren teilweise erheblich von denen des Stressreport Deutschland 2012, auf die ich mich hier beziehe. Auch zwischen Robert Koch Institut (2011) und Urban und Pickshaus (2012) gibt es – vor allem zur Schichtarbeit – unterschiedliche Zahlenangaben. Die Differenzen sind durch Unterschiede in den untersuchten Populationen (z. B. Befragung bei abhängig Beschäftigten versus alle Beschäftigten versus Wohnbevölkerung) zu erklären.

109 Bundesministerium für Arbeit und Soziales (2011), Statistisches Bundesamt: Niedriglohn und Beschäftigung (2012).

110 Statistisches Bundesamt: Niedriglohn und Beschäftigung (2012).

111 Bundesministerium für Arbeit und Soziales (2011).

112 Bundesministerium für Arbeit und Soziales (2011).

113 Statistisches Bundesamt: Niedriglohn und Beschäftigung (2012).

114 Statistisches Bundesamt: Niedriglohn und Beschäftigung (2012).

115 Statistisches Bundesamt: Qualität der Arbeit (2012).

116 Urban und Pickshaus (2012).

117 Statistisches Bundesamt: Qualität der Arbeit (2012).

118 Siegrist und Kollegen (2009).

119 Armuts- und Reichtumsbericht der Bundesregierung (2012).

120 Statistisches Bundesamt (2013).

121 Armuts- und Reichtumsbericht der Bundesregierung (2012).

122 Stressreport Deutschland 2012 (2013); Statistisches Bundesamt: Qualität der Arbeit (2012).

123 Bei den Selbstständigen (Inhaber/innen kleiner und größerer Unternehmen, Ärzte/innen und anderen) arbeiten 57 % länger als 48 Stunden pro Woche. Niedergelassene Hausärzte/innen haben durchschnittliche Arbeitszeiten von 58 Stunden/Woche, niedergelassene Fachärzte/innen 55 Stunden/Woche (Infas-Umfrage im Auftrag von Kassenärztlicher Bundesvereinigung und Virchow-Bund. *Die Welt* vom 06. Juni 2012).

124 Virtanen und Kollegen (2012).

125 Virtanen und Kollegen (2012).

126 Statistisches Bundesamt: Qualität der Arbeit (2012).

127 Die Zahlenangaben für abhängig Beschäftigte stammen aus dem Stressreport Deutschland 2012 (2013); Bei Selbstständigen bzw. Freiberuflern weichen die Prozentzahlen teilweise erheblich ab, siehe Statistisches Bundesamt: Qualität der Arbeit (2012); Vorwerk Familienstudie (2012); siehe auch Die Welt vom 13. Juni 2012 unter Berufung auf Zahlen des Hightech-Verbandes Bitcom und des DGB.

128 Vorwerk Familienstudie (2012).

129 Statistisches Bundesamt: Qualität der Arbeit (2012).

130 Statistisches Bundesamt: Qualität der Arbeit (2012).

131 Robert Koch Institut (2011), siehe dort Tabelle 3.

132 Statistisches Bundesamt: Qualität der Arbeit (2012), siehe dort Seite 60.

133 IAQ-Report (2010).

134 Statistisches Bundesamt: Qualität der Arbeit (2012), siehe Seite 62.

135 Meschkutat und Kollegen (2002); Statistisches Bundesamt: Qualität der Arbeit (2012).

136 Meschkutat und Kollegen (2002); Jäger (2012).

137 Statistisches Bundesamt: Qualität der Arbeit (2012); Hien (2011).

138 DGB Index Gute Arbeit (2012). Von Verdichtung und Intensivierung der Arbeit besonders betroffen sind das Baugewerbe (73 %), das Gesundheits- und Sozialwesen (68 %) sowie Arbeitsplätze im Informations- und Kommunikationswesen (67 %).

139 DAK Gesundheitsreport (2012); Robert Koch Institut (2011). Die unterschiedlichen Zahlen zwischen diesen Untersuchungen und dem DGB-Index Gute Arbeit (2011) erklären sich durch die etwas unterschiedliche Zusammensetzung der untersuchten Populationen. Das Robert Koch Institut erfasste die erwachsene Wohnbevölkerung, der DGB-Index Gute Arbeit dürfte auf den Angaben von aktuell Beschäftigten basieren.

140 DGB Index Gute Arbeit (2012). Von Zeitdruck und Hetze besonders betroffen sind das Gastgewerbe (70 %), das Gesundheits- und Sozialwesen (65 %) und das Baugewerbe (60 %). In Österreich sind einer Untersuchung zufolge »nur« 30 % der Beschäftigten von ständigem Zeitdruck und daraus resultierender Überbean-

spruchung am Arbeitsplatz betroffen (Salzburger Nachrichten vom 12.04.2012).

141 Bundesministerium für Arbeit und Soziales (2011); IAQ-Report (2010), siehe dort Abbildung 3.

142 Bundesministerium für Arbeit und Soziales (2011).

143 Bundesministerium für Arbeit und Soziales (2011).

144 Siegrist und Kollegen. Hans Böckler Stiftung (2009).

145 Statistisches Bundesamt: Niedriglohn und Beschäftigung 2010 (2012); Pfaff (2011).

146 Robert Koch Institut (2011): Mobilität, Flexibilität, Gesundheit.

147 TK Gesundheitsreport: Mobilität, Flexibilität, Gesundheit (2012), siehe dort S. 47 und 48.

148 TK Gesundheitsreport: Mobilität, Flexibilität, Gesundheit (2012).

149 Bundesministerium für Arbeit und Soziales (2011).

150 Fehlzeitenreport des Wissenschaftlichen Instituts der AOK (2012).

151 TK Gesundheitsreport: Mobilität, Flexibilität, Gesundheit 2012. Diese Untersuchung weist einen starken Zusammenhang zwischen Qualifikation und täglich zu überbrückender Pendlerdistanz nach.

152 Robert Koch Institut (2011).

153 Fehlzeitenreport des Wissenschaftlichen Instituts der AOK (2012); TK Gesundheitsreport: Mobilität, Flexibilität, Gesundheit (2012).

154 Hoehner und Kollegen (2012).

155 Robert Koch Institut (2012).

156 Virtanen und Kollegen (2012).

157 Robert Koch Institut (2011).

158 Beim männlichen Geschlecht sind, anders als beim weiblichen, Beamte durch den Beruf stärker gesundheitlich belastet als Angestellte (Robert Koch Institut, 2011).

159 Hans Böckler Stiftung (2009).

160 Bauer (2007), Bauer und Kollegen (2004, 2006, 2007), Unterbrink und Kollegen (2007, 2008, 2010, 2012). Von uns untersuchte evangelische Pfarrer sind im Vergleich zu schulischen Lehrkräften deutlich geringer von berufsbedingten Stressbelastungen betroffen (Bauer und Kollegen, 2009). Für schulische Lehrkräfte hat meine Arbeitsgruppe, mit Unterstützung der Bundesanstalt

für Arbeitsschutz und Arbeitsmedizin, ein Gesundheits-Präventionsprogramm entwickelt (Bauer und Kollegen, 2007), dessen Wirksamkeit nachgewiesen werden konnte (Unterbrink und Kollegen, 2010).

161 Robert Koch Institut (2012).

162 Robert Koch Institut (2012). Burn-out-Symptome (siehe Näheres dazu in Kapitel 4) finden sich bei Personen mit höherem Sozialstatus stärker ausgeprägt als bei anderen, umgekehrt findet sich die Depression vor allem bei Personen mit niedererem Sozialstatus. Nach meiner Einschätzung hat dies nur zum Teil mit tatsächlichen Unterschieden, stattdessen wohl auch mit Unterschieden bei der diagnostischen Attribuierung zu tun.

163 Urban und Kollegen (2012).

164 Salzburger Nachrichten vom 12. 04. 2012.

165 IAQ-Report (2010). In der Allgemeinbevölkerung zeigen 6 % eindeutige Zeichen einer chronischen Erschöpfung (Stöbel-Richter und Kollegen, 2013).

166 DAK Gesundheitsreport (2012).

167 Stöbel-Richter und Kollegen (2013).

168 Hasselhorn und Nübling (2004).

169 Vorwerk Familienstudie (2012).

170 IAQ-Report (2010).

171 DAK Gesundheitsreport (2009).

172 Attention Deficit Hyperactivity Syndrome (Aufmerksamkeits- und Hyperaktivitätssyndrom).

173 DAK Gesundheitsreport (2009).

174 Die hier wiedergegebenen Zahlen entstammen dem Fehlzeitenreport des Wissenschaftlichen Instituts der AOK (2012). Die Zahlen können zwischen den Krankenkassen leicht variieren.

175 Bei einigen Krankenkassen liegen die Erkrankungsdauern deutlich höher (bis zu 40 Tage). Die hier wiedergegebenen Zahlen entstammen wiederum dem Fehlzeitenreport des Wissenschaftlichen Instituts der AOK (2012).

176 Bundesministerium für Arbeit und Soziales (2011); Fehlzeitenreport des Wissenschaftlichen Instituts der AOK (2012). Siehe auch Kowalski (2011).

177 Fehlzeitenreport des Wissenschaftlichen Instituts der AOK (2012); Bundesministerium für Arbeit und Soziales (2011).

178 DAK Gesundheitsreport (2012). Die am häufigsten gestellten psychischen Diagnosen sind depressive Syndrome. Bei 1,3 % der Arbeitsunfähigkeitsfälle wird die Diagnose einer depressiven Belastungsreaktion, bei 1,2 % der Arbeitsunfähigkeitsfälle die Diagnose »Depressive Episode« gestellt.

179 Siegrist und Kollegen (2009). Eine ausführliche Darstellung der Hintergründe und Verlaufsformen depressiver Störungen findet sich bei Bauer (2002/2004). Arbeitsstress kann zu einer depressiven Erkrankung beitragen. Andrerseits kann umgekehrt eine Depression das Erleben von Stress am Arbeitsplatz verstärken. Der Zusammenhang zwischen Stress am Arbeitsplatz und depressiven Erkrankungen ist also bidirektional. Depressive Erkrankungen sind in der Bevölkerung – bei Frauen mehr als bei Männern – weit verbreitet. Jemals in ihrem bisherigen Leben eine Depression erlitten je nach Alter zwischen 4 % (Jüngere) und 9 % (Ältere) der Männer sowie zwischen 8 % (Jüngere) und 20 % (Ältere) der Frauen (Robert Koch Institut, 2012). »Jüngere« sind hier Personen zwischen 18 und 29 Jahren, »Ältere« sind zwischen 45 und 64 Jahren alt. Die Prävalenzzahlen für die »Mittelalten« (30- bis 44-Jährige) liegen ziemlich genau zwischen den beiden anderen Altersgruppen. Wählt man *einen* bestimmten Messzeitpunkt und bestimmt in diesem Moment die sogenannte Punktprävalenz, dann sind zwischen 2 % (Jüngere) und 6 % (Ältere) der Männer und zwischen 5 % (Jüngere) und 12 % (Ältere) der Frauen von einer Depression betroffen. Auf die Gesamtheit der Bevölkerung bezogen, sind zu einem bestimmten Messzeitpunkt (Punktprävalenz) ca. 6 % von einer Depression betroffen. Innerhalb eines Messzeitraumes von 12 Monaten (dies wird als sogenannte 12-Monats-Prävalenz bezeichnet) sind innerhalb der erwachsenen Bevölkerung 8 % aller Männer und 14 % aller Frauen von einer Depression betroffen. Angststörungen finden sich bei 9 % aller Männer und 20 % aller Frauen. Psychosomatische Körperbeschwerden haben 7 % der Männer und 15 % der Frauen. Suchtkrank sind dagegen 7 % der Männer und 2 % der Frauen. Insge-

samt tragen 31 % der erwachsenen deutschen Bevölkerung zwischen 18 und 65 Jahren irgendeine krankheitswertige psychische Störung mit sich herum (Jacobi und Kollegen, 2004).

180 Siegrist und Kollegen (2009); DAK Gesundheitsreport (2012).

181 Siegrist und Kollegen (2009). Depressive Symptome bedeuten nicht notwendigerweise das Vorliegen einer klinischen Depression.

182 Urban und Kollegen (2012).

183 DAK Gesundheitsreport (2012). Auch geringe Bildung (die ihrerseits wiederum das Risiko erhöht, in einer besonders belasteten Arbeitssituation zu landen) erhöht das Depressionsrisiko (Siegrist und Kollegen, 2009). Eine besonders von Depression betroffene Berufsgruppe in Deutschland scheinen die Ärzte, und hier insbesondere die Psychiater zu sein. Während in der Gesamtbevölkerung, wie bereits erwähnt, ca. 6 % von einer Depression betroffen sind (ausgedrückt als Punktprävalenz, also bei Messung zu *einem* bestimmten Messzeitpunkt), ist diese Rate sowohl bei Hausärzten (Unrath und Kollegen, 2012) als auch bei Psychiatern (Braun und Kollegen, 2008, 2010) mit über 20 % mehr als dreifach erhöht (die Untersuchung von Braun und Kollegen war allerdings nicht repräsentativ). Während in der Gesamtbevölkerung 6 bis 7 % Psychopharmaka einnehmen, liegt diese Rate bei Psychiatern bei bis zu 13 % und Hausärzten bei über 17 %. In ihrer 2008 erschienenen Publikation gibt Maxi Braun den Prozentsatz der Psychopharmaka schluckenden Psychiater mit 9 % an, in ihrer 2012 erschienenen Arbeit war der Anteil auf über 13 % angestiegen (beide Untersuchungen waren nicht repräsentativ). Vier von zehn Psychiatern praktizieren zudem risikoreichen Alkoholkonsum.

184 Übersicht bei Bauer (2002/2004).

185 Siegrist und Kollegen (2009).

186 Siegrist und Kollegen (2009).

187 Statistisches Bundesamt: Qualität der Arbeit (2012). Einige Krankenkassen-Reports wie z. B. der Gesundheitsreport der Technikerkrankenkasse (2012) nennen etwas höhere Zahlen.

188 Statistisches Bundesamt: Qualität der Arbeit (2012). Auch im langfristigen Verlauf nennt der Gesundheitsreport der Techniker-

krankenkasse (2012) etwas höhere Zahlen, bildet den Tiefststand 2006/2007 und den nachfolgenden Anstieg aber ebenfalls ab.

189 TK Gesundheitsreport 2012: Arbeitsunfähigkeiten (2012).

190 DAK Gesundheitsreport (2012); Kowalski (2011).

191 DAK Gesundheitsreport (2012).

192 Einer im Auftrag der Kassenärztlichen Bundesvereinigung und des Virchow-Bundes durchgeführten Infas-Umfrage unter 10 000 Ärzten/innen zufolge fühlen sich 50 % der Ärzte am Ende des Tages »völlig erledigt«, 30 % fühlen sich »ausgebrannt« (nicht identisch mit dem Burn-out-Syndrom). Siehe: Jeder dritte Arzt fühlt sich ausgebrannt, Die Welt vom 6. Juni 2012.

193 Von meiner Arbeitsgruppe durchgeführte Untersuchungen zeigen, dass 30 % der Dienst tuenden schulischen Lehrkräfte sich in einer mit einem Burn-out-Syndrom vergleichbaren Situation befinden, 20 % derer, die täglich zum Dienst erscheinen, leiden unter einer ausgeprägten medizinisch relevanten Stressbelastung.

194 Robert Koch Institut (2011).

195 Dowideit und Wisdorf (2012); Bundesministerium für Arbeit und Soziales (2011); Robert Koch Institut (2011).

196 Map-Report. Diese von Manfred Poweleit (Volkswirt, ehemaliger Redakteur des Manager Magazins und Unternehmensberater) herausgegebenen Statistiken gelten als in diesem Bereich führender Branchendienst.

197 Stressreport Deutschland 2012 (2013).

198 Siehe ein Interview des Arbeitgeberpräsidenten Dieter Hundt am 10. Januar 2013 in der Zeitung Die Welt.

199 Kaschka und Kollegen (2011), Blech (2012).

200 Im Zusammenhang mit dem Burn-out-Syndrom wird immer wieder einmal die »Neurasthenie« genannt (Blech, 2012). Die Diagnose der »Neurasthenie« geht auf den US-amerikanischen Neurologen Georg Miller Beard (1839–1883) zurück (Beard, 1869). Zur damaligen Zeit existierte der Begriff der Depression noch nicht. Beard führte das mit »Neurasthenie« bezeichnete Syndrom (chronische Schwäche und Müdigkeit, Angst, Kopfschmerzen, sexuelle Funktionsstörungen) auf die zunehmende Verstädterung, auf das Leben in der modernen Zivilisation und auf allgemeinen Stress

und Leistungsdruck zurück. Beard war ein zu seiner Zeit sehr fortschrittlicher Mediziner, er setzte sich für den Schutz von psychisch Kranken und insbesondere gegen die Todesstrafe für psychisch Kranke ein. Dass, wie Beard erkannte, die Urbanisierung ein ernstes Risiko für psychische Erkrankungen darstellen kann, wurde jüngst durch Aufsehen erregende Untersuchungen aus der Arbeitsgruppe des Mannheimer Hirnforschers Andreas Meyer-Lindenberg eindrucksvoll bestätigt (Lederbogen und Kollegen, 2011).

201 »Burn-out sei ein medizinisch sinnloser Begriff; denn ein behandlungswürdiges Burn-out und eine Depression seien ein und dasselbe«, wird eine führende Psychiaterin im Spiegel zitiert (Blech, 2012).

202 DGPPN (2012), Berger und Kollegen (2012).

203 Dietrich und Kollegen (2012), Falkai und Gruber (2012).

204 Meine Arbeitsgruppe befasst sich seit vielen Jahren mit Fragen der Gesundheit im Beruf und hat zahlreiche wissenschaftliche Untersuchungen in international anerkannten Zeitschriften publiziert (Bauer, 2004, 2006, 2007; Unterbrink und Kollegen, 2007, 2008, 2010, 2012; Rose und Kollegen, 2010; Zimmermann und Kollegen, 2012).

205 Auf seine Studien zu den Effekten unterschiedlicher Führungsstile am Arbeitsplatz und in der Schule, die Lewin später in den USA durchführte, gehe ich hier nicht ein.

206 Karsten, Anitra: Psychische Sättigung. Psychologische Forschung 10:142–254 (1928). Lewin, Kurt: Die Bedeutung der »Psychischen Sättigung« für einige Probleme der Psychotechnik. Psychotechnische Zeitschrift 3: 182–188 (1928). Die Studien von Lewin und Karsten basierten auf experimentellen Untersuchungen. Die Hinweise auf die Arbeiten Lewins zur »Psychischen Sättigung« verdanke ich zwei lesenswerten Beiträgen von Helmut Lück und Marianne Soff in der Zeitschrift »Gestalt Theory« (Lück, 2011; Soff, 2011).

207 Die Phase der noch erhaltenen Arbeitsfreude bezeichneten Karsten und Lewin – im Gegensatz zur »Sättigungsphase« – als »Hungerphase«.

208 Lewin (1928), zitiert nach Soff (2011).

209 Karsten (1928), zitiert nach Soff (2011).

210 Lewin (1928), zitiert nach Soff (2011).

211 Karsten (1928), zitiert nach Soff (2011).

212 Lewin (1928), zitiert nach Soff (2011).

213 Darnell (2010). Mit »Clinic« bezeichnen US-Amerikaner nicht etwa eine Klinik im deutschen Sinne, sondern eine Ambulanz (eine Klinik im deutschen Sinne wäre ein »Hospital«).

214 Freudenberger (1974).

215 Freudenberger (1974).

216 Zu Deutsch: »ein Bedürfnis anderen etwas zu geben, für andere etwas zu tun«.

217 Freudenberger (1974).

218 Biografische Hinweise auf Herbert Freudenberger finden sich bei Schaufeli und Kollegen (2009).

219 Maslach (1976).

220 Philip Zimbardo und Christina Maslach, persönliche Mitteilung. Philip Zimbardo erzählt(e) auch auf Konferenzen vor Publikum freimütig von der segensreichen Rolle seiner Frau bei der Beendigung seines Prison-Experiments, sodass dies auch hier wiedergegeben werden darf.

221 Übersicht bei Maslach und Kollegen (2001) sowie Schaufeli und Kollegen (2009).

222 Als ein »Syndrom« wird in der Medizin und Psychologie eine Gruppe von Symptomen bezeichnet, die regelhaft miteinander auftreten. Ein »Syndrom« ist keine Diagnose, sondern ein Symptome-Bündel.

223 Bei Berufen, in denen Erwerbstätige nicht mit Kunden zu tun haben, besteht die »Depersonalisation« in einer inneren Distanzierung bzw. in einem Verlust des Engagements bzw. der Identifikation mit der Arbeit.

224 Maslach und Jackson (1981 a und b). Eine modernisierte und differenzierte Version erschien 1996 (Maslach und Kollegen, 1996).

225 Übersicht bei Schaufeli und Kollegen (2009).

226 Übersicht bei Schaufeli und Kollegen (2009).

227 Ich gebe das hier nur verkürzt wieder. Christina Maslach hat die persönlichen Risikofaktoren durchaus differenzierter analysiert,

ich werde auf diese in Kapitel 7 auch selbst noch näher eingehen. Als persönliche Risikofaktoren für Burn-out erkannte Maslach verschiedene Faktoren wie z. B. Partnerlosigkeit, eine als »external locus of control« bezeichnete, passiv-defensive (unbewusste) Lebenshaltung, Neurotizismus (Ängstlichkeit, Feindseligkeit, Depressivität und emotionale Instabilität) sowie das sogenannte »Typ A-Verhalten« (ausgeprägtes Konkurrenzverhalten, hohes Kontrollbedürfnis und Feindseligkeit; Übersicht bei Maslach und Kollegen, 2001).

228 Bundesministerium für Arbeit und Soziales (2011).

229 Die *in der Person* von Erwerbstätigen liegenden Gesundheitsrisiken werden in Kapitel 7 angesprochen werden.

230 Karasek (1979); Karasek und Theorell (1990).

231 Karasek und Kollegen (1998).

232 Karasek und Kollegen (1981), Gebele (2009/2010).

233 Karasek und Kollegen (1981).

234 Die gebürtige Griechin Evangelia Demerouti arbeitete als Dozentin längere Zeit an den Universitäten in Utrecht und in Oldenburg. Während ihrer Tätigkeit an der Carl von Ossietzky Universität in Oldenburg entwickelte sie das »Oldenburg Burnout Inventory« (OLBI) (Demerouti, 1999).

235 Maslach und Kollegen (2001), Schaufeli und Kollegen (2009).

236 Maslach und Kollegen (2001), Schaufeli und Kollegen (2009).

237 Laut einer Gallup Umfrage aus dem Jahre 2012 empfinden 23 % der Erwerbstätigen keine und 63 % eine nur geringe Bindung an ihren Arbeitsplatz, 2001 waren es nur 15 %, die keine Bindung an den Arbeitsplatz empfanden. Fehlende Bindung dürfte weitgehend identisch mit Disengagement gemäß Demerouti und Schaufeli sein.

238 Demerouti (2000, 2001).

239 Siegrist (1996).

240 Kivimäki und Kollegen (2012). Bei dieser Arbeit handelt es sich um eine Metaanalyse.

241 Siegrist und Kollegen (2009); Siegrist (2012). Dass Johannes Siegrist für Untersuchungen mit dem Modell nach Robert Karasek zitiert wird, ist kein Versehen. Die Forscher arbeiten teilweise auch mit den Modellen ihrer Kollegen.

242 Siegrist und Kollegen (2009).

243 Siegrist und Kollegen (2009).

244 Ahola und Kollegen (2006), Siegrist (2009), Rau und Kollegen (2010), Virtanen und Kollegen (2012). Eine von Renate Rau und Kollegen durchgeführte Untersuchung fand keinen Einfluss des isolierten Faktors »Control« (Entscheidungsspielräume) auf das Risiko, eine Depression zu erleiden. Dies könnte allerdings dadurch bedingt sein, dass die von ihr untersuchte Population (ausschließlich Klinikpersonal, Finanzproduktverkäufer einer Bank und Verwaltungsangestellte der Stadtverwaltung einer Kleinstadt) nicht in jenen Berufen (z. B. an der Kasse von Warenhäusern oder an Maschinen in der Industrie) tätig war, in denen eine wirklich massive Beeinträchtigung von »Control« erlebt wird.

245 Kivimäki und Kollegen (2012); Backé und Kollegen (2012); DAK Gesundheitsreport (2012).

246 DAK Gesundheitsreport (2012).

247 Siegrist (2012).

248 Siegrist und Kollegen (2009).

249 DAK Gesundheitsreport (2012).

250 Siegrist (2012).

251 Siegrist (2012).

252 Rau und Kollegen (2010).

253 Siegrist und Kollegen (2009), zitierte Arbeiten bei Rau und Kollegen (2010), Siegrist (2012), Kowalski (2011). »Depressive Symptome« entsprechen einer sogenannten »Minor Depressive Disorder«, die »schwere Depression« einer »Major Depressive Disorder«. Rau und Kollegen fanden einen isolierten Einfluss des Faktors »Reward« auf das Risiko einer schweren Depression von 1,7.

254 DAK Gesundheitsreport (2012), Backé und Kollegen (2012).

255 DAK Gesundheitsreport (2012), Backé und Kollegen (2012).

256 Siegrist (2012).

257 Siegrist und Kollegen (2009); Siegrist (2012).

258 »Disengagement« entspricht dabei, wie bereits erwähnt, der früheren »Depersonalisation« (im Maslach'schen Modell), beinhaltet nun aber nicht mehr nur eine zynisch-ablehnende Haltung gegenüber Kunden bzw. Klienten bzw. Patienten, sondern eine

nicht zu überwindende, ablehnende innere Haltung gegenüber der Arbeit insgesamt (ähnlich dem von Kurt Lewin beschriebenen Phänomen der »psychischen Sättigung«).

259 Die im nachfolgenden Absatz genannten Studien wurden überwiegend mit dem Maslach Burnout Inventory (MBI) und noch nicht mit dem Oldenburger Burnout Inventory (OLBI) durchgeführt.

260 Maslach und Kollegen (2001).

261 Maslach und Kollegen (2001).

262 Ahola und Kollegen (2006).

263 Hien (2011), siehe dort Seite 77.

264 Gebuhr (2010).

265 Hien (2011), siehe dort Seite 77.

266 Poncet und Kollegen (2007). Die hier untersuchten Intensivpflegekräfte waren französisch. Deren Situation dürfte sich von den deutschen kaum unterscheiden.

267 Zitiert nach Kowalski (2011).

268 Ahola und Hakanen (2007), siehe auch Poncet und Kollegen (2007).

269 Appels und Schouten (1991).

270 Honkonen und Kollegen (2006).

271 Honkonen und Kollegen (2006).

272 Ahola und Kollegen (2010).

273 Ahola und Kollegen (2005).

274 Der erlebte Arbeitsstress wurde dabei als »Demand-Control«-Imbalance nach Karasek gemessen, das Auftreten eines Burn-out-Syndroms wurde mit dem »Maslach-Burnout-Inventory« erfasst, eine Depression mit etablierten psychiatrischen Messverfahren (Ahola und Kollegen, 2006; Ahola und Hakanen, 2007).

275 Bei Männern ist das Risiko 22-fach (!), bei Frauen »nur« etwa 4-fach erhöht (Ahola und Hakanen, 2007). Insgesamt liegt das Risiko bei über 7-fach (Ahola und Kollegen, 2006).

276 23 % derjenigen, die ein Burn-out-Syndrom ohne Depression hatten, entwickelten innerhalb von 3 Jahren eine Depression (Ahola und Hakanen, 2007).

277 Murray und Lopez (1997).

278 Jacobi und Kollegen (2004).

279 Zitiert nach Rau und Kollegen (2010).

280 Übersicht bei Bauer (2002).

281 Preußen, der damals größte unter den deutschen Staaten, hob 1807 die Leibeigenschaft der Bauern auf.

282 Vor allem die Erfindung der Dampfmaschine im 18. Jahrhundert.

283 Die durchschnittliche Lebenserwartung betrug 1850 etwa 35 Jahre, 1870 lag sie bei etwa 47 Jahren. Mitte des 19. Jahrhunderts waren weniger als 5 % der Bevölkerung älter als 65 Jahre.

284 Karl Marx hatte den Begriff der »Entfremdung« von Georg Wilhelm Friedrich Hegel übernommen, wobei der Begriff bei Hegel eine andere – und keineswegs ausschließlich negative – Bedeutung hatte.

285 Zu Taylor und Taylorismus siehe u. a. Müller (1992), Aßländer (2005), Lück (2011).

286 Zur »Psychotechnik« siehe Schaarschmidt und Kieschke (2004).

287 Zitiert nach Lück (2011).

288 Eine besondere Rolle spielte hier Walther Moede (1888–1958).

289 Lück (2011).

290 Sennett (2006).

291 Sennett (2006).

292 Sennett (2006), siehe Seite 34 ff.

293 In Bretton Woods im US-Bundesstaat New Hampshire kamen im Sommer 1944 die Finanzminister und Notenbankgouverneure von 44 Staaten, darunter die späteren Siegermächte des Zweiten Weltkrieges zusammen und vereinbarten ein System fester Wechselkurse aller Währungen zum US-Dollar, dessen Wert als Leitwährung wiederum durch Gold festgelegt war. Die Kurse der Währungen aller beteiligten Länder waren also zu einem stabilen Kurs gegenüber Gold oder der Gold-konvertierbaren US-Währung festgelegt. Teil des Bretton Woods-Abkommens war die Gründung von Weltbank und Internationalem Währungsfonds IWF. Die Bundesrepublik Deutschland trat dem System in ihrem Gründungsjahr 1949 bei. Solange das Bretton-Woods-Abkommen galt, war der internationale Kapitalverkehr kontrolliert. Wegen der finanziellen Folgen des Vietnamkrieges, hoher

US-Haushaltsdefizite und einer Inflation des US-Dollars funktionierte das System nicht mehr. Die Kontrolle des internationalen Kapitalverkehrs und die feste Bindung des Dollar an Gold wurde 1971 aufgegeben, 1973 endete das System fester Wechselkurse.

294 Sennett (2006) wies unter anderem auf die Rolle hin, die Beratungsfirmen wie McKinsey und andere hier spielen. Die von Beratungsunternehmen in die Unternehmen entsandten Berater sind oft junge Betriebswirte, die ohne jede eigene Berufserfahrung weitreichende Empfehlungen geben und denen es – Sennett nennt hier auch Beispiele – nicht selten gelingt, ein Unternehmen in schlimmste Schwierigkeiten zu bringen.

295 Unter dem Stichwort des »Drehtürmanagements« schildert Sennett (2006) die um sich greifende Praxis, dass Investoren nach Übernahme der Besitzmehrheit eines Unternehmens rasch die Managementebene auswechseln, um ihre Ziele durchzusetzen. Eine fatale, aber gewollte Auswirkung eines hohen Turnover auf der Leitungsebene besteht darin, dass erfahrene Mitarbeiter, die dem Unternehmen seit vielen Jahren pflichtbewusst dienen und nicht jede angeordnete Verrücktheit gutheißen, ihre Zeugen und Garanten verlieren.

296 Das ADHS (Attention Deficit Hyperactivity Syndrome) ist eine biologische Anpassungsreaktion des Gehirns an eine chronisch unruhige, unstete und reizintensive Umgebung (das Syndrom kann, wie Studien zeigen, bei Kindern z.B. durch hohen Bildschirm- bzw. Fernsehkonsum begünstigt werden).

297 Han (2010).

298 Lateinisch für »Arbeitendes Tier«.

299 Zusammenfassung bei Bauer (2011), Kapitel 5.

300 Schmidt (2006, 2011). Siehe auch die übrigen Beiträge eines 2011 erschienenen, von Özdogan und Kollegen herausgegebenen Bandes (Özdogan und Kollegen, 2011).

301 Klaus Schmidt, persönliche Kommunikation (2012).

302 Diese Aussage steht allerdings unter Vorbehalt, da die Anlage bei Weitem noch nicht vollständig ausgegraben ist.

303 Möglicherweise wurden hier Versammlungen abgehalten und junge Männer Initiationsriten unterzogen.

304 Vielleicht war die Anlage ein Ausdruck des mit der Sesshaftigkeit anbrechenden Patriarchats. Männliche Symbole bei künstlerischen Objekten tauchen erst gegen Ende der Altsteinzeit auf. Nichts deutet darauf hin, dass bereits in der Altsteinzeit Patriarchate geherrscht haben, beide Geschlechter waren vermutlich gleichberechtigt. Das Vorherrschen des weiblichen Geschlechts bei Statuetten der Altsteinzeit ließ einige sogar über Matriarchate spekulieren.

305 Übersicht bei Bauer (2011), Kapitel 5.

306 Siehe Bauer (2011).

307 Parallel dazu breiteten sich Ackerbau und Viehzucht – und mit ihr die »Arbeit« – vom obermesopotamischen Hochland in Richtung Westen aus und gelangten über die heutige Türkei und den Balkan nach Mitteleuropa, wo nach dem Ende der Würm-Eiszeit nun jene günstigen klimatischen Bedingungen herrschten, die in Obermesopotamien gerade zu Ende gingen.

308 Hrouda (1997); Seltz (2005). Die Herrschaftsform der Sumerer – die sogenannte »Tempelwirtschaft« – entsprach einer Art religiösem Staatssozialismus. Zentrum ihrer Herrschaft war die Stadt Uruk. Die Sumerer erfanden den Pflug, das Rad, die Töpferscheibe, Ziegelsteine und die Schrift (Keilschrift). Wirtschaftliches Privateigentum kannten sie noch nicht. Die »Erfindung« des wirtschaftlichen Privateigentums, des Geldes und expliziter Gesetzessysteme geht auf die Babylonier zurück.

309 Erste Siedlungen im Nildelta datieren auf etwa 4200 v. Chr., die Pharaonenreiche erstrecken sich auf einen Zeitraum von ca. 3000 v. Chr. bis etwa 700 v. Chr. Wie die mesopotamischen Reiche, so kannte auch das ägyptische Reich Landarbeiter, Handwerker, Händler und Verwaltungsbeamte.

310 Vor allem Assyrer und Babylonier führten solche Raubzüge und Deportationen durch. Zu den betroffenen Völkern zählte ausweislich des Alten Testaments unter anderem das Volk der Juden.

311 Die Zeit des antiken Griechenland datierte von etwa 800 v. Chr. bis ins vorletzte vorchristliche Jahrhundert.

312 Die Zeit des klassischen Rom reicht von der legendären Gründung im Jahre 753 v. Chr. bis ins vierte nachchristliche Jahr-

hundert (395 n. Chr. erfolgte die Teilung in ein ost- und weströmisches Restreich).

313 Zitiert nach Aßländer (2005), S. 7. Dieses und die weiteren aus der griechischen und römischen Antike stammenden Zitate entnahm ich den informativen und zum Nachlesen zu empfehlenden Texten von Chenu (1991), Conze (1972), Müller (1992, 1994) und Aßländer (2005).

314 Zitiert nach Aßländer (2005), S. 6.

315 Zitiert nach Aßländer (2005), S. 8.

316 Zitiert nach Aßländer (2005), S. 10. Auch Aristoteles nannte das Handwerk »banausisch«, da es »einen körperlich in eine schlechte Verfassung bringt«.

317 Zitiert nach Aßländer (2005), S. 9.

318 1. Mose 1, 28.

319 1. Mose 3, 17–19.

320 Aus dem 1. Jahrhundert v. Chr. ist als Gebot des Rabbiners Schemaja der Satz »Liebe die Arbeit« überliefert (Conze, 1972, s. S. 158).

321 Schulz (2011).

322 Matthäus 9, 37; Matthäus 20, 1; Matthäus 21, 28; Lukas 10, 2; Lukas 10, 7.

323 Matthäus 6, 20, 25–26 und 28.

324 Delatte (2011), s. S. 509.

325 2. Thessalonicher 3, 6–8 und 10.

326 Lenin (1972).

327 Aus »De opere monachorum« von Augustinus, zitiert nach Conze (1972).

328 Vom Leben Benedikts von Nursia berichtet Papst Gregor der Große Ende des 6. Jahrhunderts. Die Historizität der Person Benedikts wurde neuerdings infrage gestellt und ist nicht abschließend geklärt.

329 Conze (1972); Delatte (2011).

330 Zu Deutsch wörtlich: »Arbeit der Hände«.

331 Delatte (2011).

332 »Vita contemplativa simpliciter melior est quam vita activa«, zitiert nach Conze (1972).

333 Meister Eckhart war deutscher Dominikanermönch, Philosoph und Theologe. »Mystiker« sind der – auch im Buddhismus vertretenen – Auffassung, dass der Mensch in bestimmten Erlebniszuständen eine Einheit mit Gott erfahren kann. Geistliches Sinnieren betrachtete Meister Eckhart als »edel«, die Arbeit lediglich als »nütze« (zitiert nach Conze, 1972). Meister Eckhart geriet in die Fänge der päpstlichen Inquisition, starb aber, bevor das Verfahren abgeschlossen werden konnte.

334 Übersetzt »sich um Würde [=werdekeit] bemühen [=werben] durch unverzagte Anstrengungen [=arebeit]«. Zitiert nach Conze (1972).

335 Zitiert nach Müller (1992), S. 18.

336 In Deutschland waren dies die freien Reichsstädte, in Italien Stadtrepubliken wie Venedig, Mailand, Florenz, Siena und andere.

337 Zitiert nach Aßländer (2005).

338 Sein Name lautete eigentlich »Luder«, erst Martin Luther buchstabierte den Familiennamen so, wie wir ihn heute noch kennen.

339 Schilling (2012); siehe auch www.zeit.de/2008/45/Luther.

340 Zitiert nach Conze (1972).

341 Luther (1525).

342 Weber (1904/1905/2010). Weber sah hier eine »auffällig starke Kongruenz von Protestantismus und modernem Kapitalismus«, eine »ganz spezifische Wahlverwandtschaft des Calvinismus zum Kapitalismus«.

343 Zitiert nach Scherzinger (2012).

344 »Enim adversarius disputatione vincitur et constringitur, hic natura, opere« Bacon (1620), zitiert nach Conze (1972).

345 »Faciliter tous les arts et diminuer le travail des hommes« (Descartes, 1637/1656), zitiert nach Conze (1972).

346 Chenu (1971); Conze (1972); Müller (1992, 1994).

347 Eine grandiose, wunderbare Darstellung der Positionen Lockes zum Thema Arbeit findet sich bei Müller (1992, 1994), vor allem in Band II (1994), S. 418–456. Siehe auch Conze (1972) und Aßländer (2005). Locke verortete die »Erfindung« der Arbeit beim Übergang des menschlichen Lebens vom Sammler- und Jägertum zur agrikulturellen, sesshaften Lebensweise. Die Erfindung des

Geldes ergab sich für Locke einerseits aus der Notwendigkeit, den durch die Arbeit geschaffenen Wert von Produkten in Zahlenverhältnissen auszudrücken, andererseits aus dem Wunsch, den durch Arbeit geschaffenen Wert von der Haltbarkeit der jeweiligen Produkte unabhängig zu machen.

348 »Everything in the world is purchased by labour, and our passions are the only causes of labour« (zitiert nach Conze, 1972).

349 Conze (1972); Aßländer (2005).

350 Chenu (1971); Conze (1972), S. 179; Aßländer (2005).

351 »Jeder glaubt nur sein eigenes Interesse zu verfolgen, tatsächlich erfährt so aber indirekt auch das Gemeinwohl der Volkswirtschaft die beste Förderung. Der Einzelne wird hierbei von einer unsichtbaren Hand (»invisible hand«) geleitet, um ein Ziel zu verfolgen, das er keinesfalls intendiert hat« (Adam Smith, zitiert nach Scherzinger (2012).

352 Mandeville war Arzt und Philosoph. Er stammte aus den Niederlanden, später war er in London tätig.

353 Der 1714 von Bernard Mandeville publizierte Text trug den Titel »The fable of the bees: or, private vices publick benefits«.

354 Smith grenzte Menschen mit »unproduktiven« Tätigkeiten, darunter »alle Gelehrte«, von den »produktiven« Tätigkeiten ab (Conze, 1972).

355 Conze (1972), S. 182 ff. und 197. Auch für den als »Frühsozialisten« bezeichneten François Noel Babeuf (1760–1797), der einer der Akteure der Französischen Revolution war und 1797 wegen angeblicher Verschwörung hingerichtet wurde, stand die allgemeine Arbeitspflicht außer Frage.

356 Zitiert nach Lafargue (1880/1883), S. 37.

357 In Schillers 1799 verfasstem Gedicht »Die Glocke« heißt es bekanntlich: »Arbeit ist des Bürgers Zierde, Segen seiner Mühe Preis«.

358 Zitiert nach Conze (1972).

359 Zitiert nach Conze (1972). Freilich betonte Kant, dies solle nicht als »Dressur« geschehen, sondern der »Menschenbildung« dienen.

360 Zitiert nach Conze (1972).

361 In zwei Gedichten (»Die Faulheit« und »Lob der Faulheit«) spottete er über die Arbeitsversessenheit. Sein Gedicht »Die Faulheit« endet mit den Zeilen »Laß uns faul sein in allen Sachen/Nur nicht faul zu Lieb und Wein/Nur nicht faul zur Faulheit sein«.

362 Karl Marx unterschied, im Anschluss an Ricardo, zwischen dem an den Bedürfnissen des Menschen orientierten »Gebrauchswert« von Waren und ihrem vom Markt her bestimmten »Tauschwert«. Der auf der Basis des Tauschwertes erzielte Mehrwert bildet nach Marx den Ausgangspunkt für die Akkumulation von Kapital (»vorgetane Arbeit« nach Ricardo).

363 Conze (1972); Aßländer (2005). Ricardo differenzierte darüber hinaus zwischen »lebendiger Arbeit« und »vorgetaner Arbeit«, wobei Letztere die Quelle dessen ist, was als »Kapital« bezeichnet wird.

364 Bei Adam Smith findet sich folgende Darstellung der Arbeitsteilung bei der Herstellung von Stecknadeln: »Der eine Arbeiter zieht den Draht, der andere steckt ihn ein, ein dritter schneidet ihn, ein vierter spitzt ihn zu, ein fünfter schleift das obere Ende, damit der Kopf aufgesetzt werden kann. Auch die Herstellung des Kopfes erfordert zwei oder drei getrennte Arbeitsgänge.« (Zitiert nach Müller, 1992).

365 Zitiert nach Conze (1972).

366 Müller (1992); Aßländer (2005).

367 Aktuelle Versuche einer Wiedereinführung des Taylorismus finden z. B. im Gesundheitsbereich statt (z. B. die Minutenpflege).

368 Eine ausführliche Darstellung der Positionen von Karl Marx zur menschlichen Arbeit findet sich bei Müller (1992, 1994).

369 Sozialisation der Produktionsmittel, Arbeitszeitverkürzung, Verbesserung der Arbeitsbedingungen, Schaffung von Zeiträumen für »höhere Tätigkeiten«.

370 Chenu (1971), Conze (1972).

371 Marx: Ökonomisch-philosophische Manuskripte (1844), zitiert nach Conze (1972).

372 Lafargue (1880/1883).

373 Die Pariser Kommune war der im März 1871 gestartete, im Mai 1871 dann aber niedergeschlagene Versuch des Pariser Stadtrates,

gegen die französische Zentralregierung eine sozialistische Räte-demokratie zu etablieren.

374 Pereza (2010). Die von Pablo Pereza verfasste Biografie Lafargues erschien als eine Art Vorwort in der von mir benutzten Lafargue-Ausgabe.

375 Diese Äußerungen Lafargues sind erstaunlich weitsichtig: Im Jahre 2011 waren nach Angaben der Deutschen Rentenversiche-rung 41 % aller Frühberentungen durch psychische Erschöp-fungserkrankungen bedingt (bei Frauen 48 %, bei Männern 32 %). Im Jahre 2000 hatte die Rate noch bei 24 % gelegen. (Dowideit und Wisdorff, 2012).

376 Lafargue (1880/1883).

377 Dass so etwas wie »Arbeitssucht« entstehen kann, hat neurobio-logische Gründe (siehe dazu Kapitel 3). Das im menschlichen Gehirn sitzende sogenannte Motivationssystem produziert seine Energie- und Glücksbotenstoffe dann, wenn wir durch andere Menschen Anerkennung und Wertschätzung erfahren. Sich in der Arbeit zu verausgaben ist bei den meisten Menschen mit der – be-wussten oder unbewussten – Vorstellung verbunden, damit die Anerkennung (von Vorgesetzten, Kollegen oder von der Familie) zu erhalten. Bei vielen Menschen ist die Suche nach Anerken-nung (und nach den dadurch neurobiologisch ausgelösten »guten Gefühlen«) derart auf die Arbeit eingeengt, dass sich daraus ein Suchtverhalten im Sinne einer »Arbeitssucht« entwickeln kann.

378 Seneca (2011). Bei Seneca finden sich einige hellsichtige Rat-schläge zur Arbeit des Menschen. Man solle »nur das anpacken, dessen Abschluss man erreichen oder wenigstens erhoffen kann«. Bei der Arbeit solle »das Ergebnis in einem rechten Verhältnis zu unserem Einsatz stehen; denn in der Regel führt es zu Depres-sion, wenn sich der Erfolg überhaupt nicht einstellt«. Man solle sich vor »ruhelosem Nichtstun« schützen. »Jede Arbeit«, so der Stoiker, »solle irgendeine Bestimmung, irgendein Ziel haben«. Wer in einer Führungsposition sei, solle »Gerechtigkeit, Milde und Menschlichkeit« walten lassen (Seneca, 2011).

379 Nietzsche (in: »Die fröhliche Wissenschaft«, 1882), zitiert nach Conze (1972). Weiter heißt es bei Nietzsche: »Die Arbeit be-

kommt immer mehr alles gute Gewissen auf ihre Seite: Der Hang zur Freude nennt sich bereits ›Bedürfnis der Erholung‹ und fängt an, sich vor sich selbst zu schämen. ›Man ist es seiner Gesundheit schuldig‹ – so redet man wenn man auf einer Landpartie ertappt wird. Ja, es könnte bald soweit kommen, dass man einem Hang zur vita contemplativa (das heißt zum Spazierengehen mit Gedanken und Freunden) nicht ohne Selbstverachtung und schlechtes Gewissen nachgäbe.«

380 Russell (2006, erstmals in deutscher Sprache erschienen 1957). Dieses mit »Lob des Müßiggangs« betitelte Buch enthält mehrere Beiträge, darunter einen spezifischen Beitrag »Lob des Müßiggangs«, der bereits zuvor in der Zeitschrift Harper's Magazine erschienen war. Äußerst lesenswert fand ich in dieser Sammlung aber auch die Beiträge »Erziehung und Disziplin«, »Stoizismus und geistige Gesundheit« und »Was ist Seele?«.

381 Spezifisch nannte Russell mehrfach die Sowjetunion (Russell, 2006, s. S. 22–24).

382 Diese Formulierung stammt von Müller (1992).

383 Russell (2006).

384 Russell (2006).

385 Russell (2006). Russell erwähnte diese »Freude« und das »Schwelgen« durchaus kritisch, er betrachtete beides als eine Verführungsstrategie, um die arbeitende Bevölkerung auf den »Irrweg« zu lotsen, dass Arbeit ein lohnenswerter Selbstzweck sei (siehe Seite 24 und 25).

386 Dieses Hineinwirken in unsere Zeit drückte sich nicht nur in Episoden wie dem Besuch des ehemaligen Bundeskanzlers Helmut Kohl und seiner dort ausgedrückten Verehrung für Ernst Jünger im schwäbischen Wilfingen aus Anlass von dessen 100. Geburtstag aus.

387 Jünger (1932/2007), zitiert nach Müller (1992, 1994).

388 Diese Formulierung stammt von Müller (1992).

389 Arendt (1960), zitiert nach Müller (1992).

390 Die Begriffe »animal laborans« und »homo faber« stammen von Hannah Arendt. »Animal laborans« (lateinisch) bedeutet »arbeitendes Tier« oder »arbeitendes Lebewesen«. »Homo faber« ist der »Werkzeuge (oder bleibende Dinge) herstellende Mensch«.

391 Arendt (1960), zitiert nach Müller (1992).

392 »Das Arbeiten«, schreibt Arendt, sei »gefangen in den Kreislauf des Körpers, hat weder Anfang noch Ende« (Arendt, 1960; zitiert nach Müller, 1992).

393 Das Herstellen besitze daher – im Gegensatz zur Arbeit – »einen definitiven Anfang und ein definitives Ende« (Arendt, 1960; zitiert nach Müller, 1992).

394 Arendt betonte, es sei »von großer Bedeutung, dass das Vorstellen oder das Modell, das den Herstellungsprozess leitet, ihm nicht nur vorangeht, sondern auch nach der Fertigstellung des Gegenstandes nicht wieder verschwindet und sich so in einer Gegenwärtigkeit hält, welche die weitere Herstellung identischer Gegenstände ermöglicht.« (Arendt, 1960; zitiert nach Müller, 1992).

395 Arendt, 1960; zitiert nach Müller, 1992.

396 Johannes Paul II. (sein bürgerlicher Name war Karol Wojtyla) war ehemaliger Erzbischof von Krakau und wurde 1978 zum Papst gewählt.

397 Der Titel dieser Enzyklika lautete »Laborem exercens« (lateinisch); auf Deutsch: »Indem er [der Mensch] Arbeit ausübt ...«; der Titel gibt die beiden ersten Worte des ersten Satzes der Enzyklika wieder.

398 Unter anderem heißt es hierzu: »Die Arbeit ist ein Gut für den Menschen – für sein Menschsein –, weil er durch die Arbeit nicht nur die Natur umwandelt und seinen Bedürfnissen anpasst, sondern auch sich selbst als Mensch verwirklicht, ja gewissermaßen ›mehr Mensch‹ wird«. (Johannes Paul II., 1981).

399 »Die modernen Gewerkschaften sind aus dem Kampf der Arbeitnehmer ... für den Schutz ihrer legitimen Rechte gegenüber den Unternehmern und den Besitzern der Produktionsmittel entstanden. Ihre Aufgabe ist die Verteidigung der existenziellen Interessen der Arbeitnehmer in allen Bereichen, wo ihre Rechte berührt werden. Die historische Erfahrung lehrt, dass Organisationen dieser Art ein unentbehrliches Element des sozialen Lebens darstellen ...« (Johannes Paul II., 1981).

400 So heißt es dazu: »Daher erfordert die menschliche Arbeit auch die Ruhe – an jedem siebten Tag«. (Johannes Paul II., 1981).

401 Hier bezog sich Johannes Paul II. auf Matthäus 6, 25–34 (Johannes Paul II., 1981).

402 Die Frage nach Lebensinhalten jenseits der Arbeit greift die Bibel in einer bemerkenswerten bei Lukas 10, 38–42 geschilderten Episode auf. Jesus ist bei zwei Schwestern, Maria und Marta, zu Gast, wobei Marta »sich viel zu schaffen [machte], ihm zu dienen«, während Maria »sich dem Herrn zu Füßen setzte und seiner Rede zuhörte«. Marta ist offenbar verstimmt, »dass mich meine Schwester alleine dienen lässt« und bittet Jesus: »Sage ihr doch, dass sie mir helfen soll«, worauf ihr Jesus eine überraschende Antwort gibt: »Marta, Marta, du hast viel Sorge und Mühe. Eins aber tut not. Maria hat das gute Teil erwählt; das soll nicht von ihr genommen werde.«

403 Übersicht bei Bauer (2002/2004; 2005). Neurobiologische Grundlage der zwischenmenschlichen Resonanz ist das System der Spiegelnervenzellen (Bauer, 2005). Resonanzerfahrungen – als Gegenpol zur Erfahrung der Entfremdung – thematisiert auch der Soziologe Hartmut Rosa (2011, 2012), der sich seinerseits wiederum auf den US-amerikanischen Philosophen Charles Taylor bezieht, in dessen Denken Resonanzerfahrungen ebenfalls eine zentrale Bedeutung für das Gelingen menschlichen Lebens zukommt.

404 Sennett (2006/2007).

405 Eine bereits an früherer Stelle erwähnte, in Großbritannien bei Beschäftigten des öffentlichen Dienstes durchgeführte Studie fand, dass Menschen, die bis zu einer Überstunde pro Tag leisten, kein erhöhtes Risiko für Burn-out oder Depression erleiden. Beschäftigte, die geringfügig (bis zu einer Stunde täglich) mehr arbeiten, sind gesundheitlich möglicherweise sogar ein Stück weit besser geschützt als diejenigen, die den Griffel pünktlich fallen lassen (Virtanen und Kollegen, 2012).

406 Russell (1957/2006). Scheinbare Langeweile (in Maßen) zu ertragen dürfte eine sehr wichtige Fähigkeit sein. Walter Benjamin nannte die Langeweile einen »Traumvogel, der das Ei der Erfahrung ausbrütet«. An anderer Stelle bezeichnete er sie als »armes graues Tuch, das innen mit dem glühendsten, farbigsten Seidenfutter ausgeschlagen ist« (zitiert nach Han, 2010).

407 DGB Index Gute Arbeit (2012).

408 Wilfried Gließmann (2004) protokollierte ein Gespräch, das sich zwischen einem hoch qualifizierten Software-Entwickler (SE), der in einen geplanten Urlaub fahren wollte, und seinem Vorgesetzten (V) entwickelte, weil kurz vor Abreise in den Urlaub plötzlich Probleme in der Firma auftraten und der Vorgesetzte (V) den Mitarbeiter (SE) bat, im Urlaub erreichbar zu sein. SE: »Im Urlaub wollte ich eigentlich nicht arbeiten ...« V: Hör mal, du bist der Einzige, der sich auskennt ... ich meine, die Kollegen hier haben mir gesagt, sie hätten dich schon öfter mal versucht zu erreichen, und du warst nicht da.« SE: »Wie, das kann doch nicht sein! Ich hab mein Handy immer angeschaltet.« V: »Na ja, die dicksten Dinger passieren immer nachts und am Wochenende. Ich kann nur wiedergeben, was man mir sagt.« SE: »Na hör mal, haben die sich etwa beschwert?« V: »Nun, so würde ich das mal interpretieren. Wenn das mit dem Urlaub jetzt noch dazukommt ... Du weißt ja, ich habe mein Handy immer an.« SE: »Na gut, ich nehme das Notebook mit und schaue immer mal nachts rein.« V: »Schau vielleicht auch mal tagsüber in deine E-Mails, ja? Du weißt ja, hier tut sich immer sehr viel. Ich versuche hier die Stellung zu halten. Mit deiner Hilfe!« (zitiert nach Hien, 2011).

409 Siehe dazu Spitzer (2012).

410 Siehe dazu Kapitel 2.

411 Seine Fachbezeichnung lautet »Default Mode Network«, siehe Kapitel 2.

412 Siehe unter anderen Bauer (2006); Kivimäki und Kollegen (2003); Sedmak und Schweiger (2012).

413 Statistisches Bundesamt: Qualität der Arbeit (2012).

414 Statistisches Bundesamt: Qualität der Arbeit (2012). Die genannten Erfahrungen wurden hier für eine Zeit »innerhalb der letzten 12 Monate« erfragt, die Prozentzahlen geben also 12-Monats-Prävalenzen wieder. Wenn man sich deutlich macht, dass 2 % bedeuten, dass jeder 50. Beschäftigte innerhalb von 12 Monaten körperliche Angriffe am Arbeitsplatz erlebt, wird klar, dass diese scheinbar geringe Prozentzahl inakzeptabel ist. Wir fanden in eigenen Untersuchungen bei schulischen Lehrkräften ähnliche Zahlen.

415 Kivimäki und Kollegen (2003).

416 Kivimäki und Kollegen (2003).

417 Baron-Cohen und Kollegen (2005).

418 Statistisches Bundesamt: Qualität der Arbeit (2012).

419 Sennett (2006).

420 Gerd Balko zitiert einen älteren Betriebsrat eines Stahlwerkes: »Schon jetzt werden besonders ältere Beschäftigte mit Jungmanagern konfrontiert, deren soziales Verständnis mehr einem Außerirdischen ähnlich ist als einem menschlichen Wesen. Diese auf wirtschaftliche Höchstleistung gezüchteten, smarten Techno-Typen mit Vierkantkoffer und angewachsenem Handy am Ohr sind die künftigen Schaltelemente in der entmenschlichten Administration und Produktion.« (Balko, 2007, zitiert nach Hien, 2011).

421 Ustorf (2012).

422 Eine Beschreibung von soziopathischem Verhalten in deutschen Managementetagen gab kürzlich der ehemalige Manager und Buchautor Andreas Straub (Straub, 2012).

423 Spiegel Online vom 26.4.2011, Die Welt online vom 6.7.2012.

424 Die negativen Auswirkungen durch Konkurrenzdruck innerhalb der Gruppe betreffen interessanterweise Frauen stärker als Männer. Kishida und Kollegen (2012).

425 Woolley und Kollegen (2010).

426 Es handelt sich um das Oxytocin-Rezeptor-Gen. Diese sehr schöne Studie wurde von einer deutschen Gruppe durchgeführt (Unternaehrer und Kollegen, 2012).

427 Übersicht bei Bauer (2002/2004).

428 Gallup Institute (2012); siehe auch Evert (2012).

429 Gallup Institute (2012); siehe auch Evert (2012).

430 Mitarbeiter klagen bei Betriebsärzten am häufigsten über zwischenmenschliche Konflikte, Kränkungen, Enttäuschungen, fehlende Anerkennung, mangelnden Respekt und berufliche Perspektivlosigkeit (Bundesministerium für Arbeit und Soziales, 2011, siehe dort S. 37).

431 Weber (2012).

432 Neurobiologische Systeme, die es uns ermöglichen, andere Menschen zu verstehen und auf dieser Basis eine gute Beziehung zu

gestalten, sind bei beiden Geschlechtern vorhanden, sie sind im statistischen Durchschnitt jedoch bei weiblichen Personen besser entwickelt (selbstverständlich gibt es hier viele Ausnahmen, zumal sich einige dieser Systeme durch Übung trainieren lassen).

433 Vorgesetzte sollten mit Mitarbeitern am Arbeitsplatz keine intimen Beziehungen suchen (und umgekehrt!). Liebesbeziehungen am Arbeitsplatz – auch zwischen Mitarbeitern untereinander – können für alle Beteiligten erhebliche Probleme nach sich ziehen. Solange sie bestehen, können sie bei Kollegen/innen zu Irritationen führen. Wenn sie auseinandergehen, führen sie oft zu erheblichen Verwerfungen im Team.

434 In größerem Kreis vorgenommene Bloßstellungen und Beschämungen berühren die »Schmerzgrenze« (Bauer, 2010) und können Aggression und Sabotage oder Depression und passiven Rückzug auslösen.

435 Pausen, insbesondere solche, bei denen gegessen wird, aktivieren das parasympathische Erholungssystem und führen zu einer kurzfristigen, gesundheitsförderlichen Beruhigung der Stresssysteme. Essen während der Arbeit bedeutet eine gleichzeitige Aktivierung des sympathischen und des parasympathischen Systems – eine Art neurobiologisches »Multitasking« – und ist gesundheitsschädlich. Diese Regeln gelten auch für Kinder und Jugendliche.

436 Diese Auskunft wird in den letzten Jahren nach Art eines Mantras regelmäßig dann herausgegeben, wenn neue Zahlen über zunehmende Gesundheitsbelastungen bei Arbeitnehmern auf den Markt kommen. Zuletzt hat die »Bundesvereinigung Deutscher Arbeitgeberverbände« BDA anlässlich der weiter gestiegenen Zahlen bei durch psychische Erkrankungen bedingten Frühberentungen Ende 2012 die zitierte Meldung (»Wenn es um die psychische Gesundheit der Belegschaft geht …«) herausgegeben.

437 Zitiert nach Dowideit und Wisdorff (2012).

438 Ich rede keiner pauschalen Kritik an Psychopharmaka das Wort. Psychopharmaka leisten, wie ich dies wiederholt betont habe (siehe u. a. Bauer, 2002/2004), bei der Behandlung schwerer psychischer Erkrankungen, insbesondere bei Psychosen, schweren Depressionen und Manien, einen unschätzbaren Dienst.

439 Gefährdungsbeurteilungen gemäß dem Arbeitsschutzgesetz umfassen die Gestaltung des Arbeitsplatzes, physikalische/chemische/biologische Einwirkungen, Arbeitsmittel und -geräte, Arbeitszeit und -organisation. Neben diesen Aspekten sind auch die psychischen Belastungen zu erfassen.

440 Bundesministerium für Arbeit und Soziales (2011).

441 Urban und Kollegen (2012).

442 Öchsner (2012), siehe auch Albrod (2011).

443 Bundesministerium für Arbeit und Soziales (2011).

444 Qualifizierte Supervisoren sind in der Regel diplomierte Psychologen/innen oder Sozialarbeiter/innen mit einer Zusatzausbildung in Supervision.

445 Sennett (2006).

446 Gryglewski (2005), siehe dazu eine Replik von Detje und Kollegen (2006).

447 Pflegekräfte haben sehr hohe Burn-out-Raten und Frühberentungsraten, die bei 40 % liegen (ähnlich hoch wie Maurer und Dachdecker). Mehr als 25 % der Beschäftigten in der IT-Branche leiden an chronischer Erschöpfung (Hien, 2011).

448 Kamp und Pickshaus (2011).

449 Siegrist und Kollegen (2009), siehe dort S. 59–74.

450 Raffelhüschen und Schöppner (2012).

451 Die krassesten Ungleichheiten, ausgedrückt durch den Gini-Index, zeigen Mexiko, die USA, Italien und Großbritannien. Wenn nur die Zu- oder Abnahme der Ungleichheit seit den 80er-Jahren bis heute gemessen wurde, dann befindet sich Deutschland nach Großbritannien an der Spitze der Staaten, bei denen die Ungleichheit zugenommen hat. Quellen: Armuts- und Reichtumsbericht der Bundesregierung vom Herbst 2012 und Daten der OECD (Plickert, 2012; Meck und Kollegen, 2012).

452 Cremer und Kruip (2009). Zum Thema Grundeinkommen siehe auch Herack (2012) und Meyer (2012).

453 Sennett (2006).

454 Schirrmacher (2011). Siehe auch Augstein (2012) und die Replik von Piper (2012).

455 An dieser Stelle sei – neben den schon genannten Aspekten – auf

die weltweite Kinderarbeit hingewiesen. Weltweit arbeiten 215 Millionen Kinder zwischen fünf und 14 Jahren, davon 115 Millionen in gefährlichen Beschäftigungen, die meisten in Afrika und Asien. Sie sind überwiegend (zu 60 %) in der Landwirtschaft und im Dienstleistungsbereich (26 %) beschäftigt. Mehr als zwei Drittel sind Familienarbeitskräfte (Internationales Arbeitsamt Genf, 2010).

456 Böckenförde (2009).

457 Diese Datierung der »Erfindung der Arbeit« stünde in guter Übereinstimmung sowohl mit John Locke als auch mit Klaus Schmidt (siehe Kapitel 6).

458 Hinweise auf die Herstellung von Steinwerkzeugen datieren auf über 2 Millionen Jahre vor unserer Zeit (Übersicht bei Bauer, 2010).

459 Übersicht bei Bauer (2010).

460 In der englischen Sprache meint »Education« beides.

461 Miller (1983).

462 Alles, was wir – über das hinaus, was auch unsere tierischen »Geschwister« zuwege bringen – mittels menschlicher Arbeit geschaffen haben, hatte direkte und indirekte Kooperation zur Voraussetzung (auch anderen etwas beizubringen, ist ein kooperativer Vorgang).

463 Das emotionale System besteht aus dem sogenannten »limbischen System« und weiteren Komponenten, u. a. den Motivations- und den Stresszentren. Zum intellektuell-kognitiven System gehören die gesamte Großhirnrinde und der Hippocampus. Das soziale System stützt sich auf beide bereits genannten Systeme, zusätzlich sind als Spezialzentrum für soziale Kompetenz – vor allem für die Fähigkeit, sich in andere hineinzudenken und deren Sichtweisen zu verstehen – Teile des Stirnhirns (des »Präfrontalen Cortex« PFC) unverzichtbar. Die Nervenzellsysteme des PFC sind erst ab dem 2. bis 3. Lebensjahr reif genug um »trainiert« zu werden. Darum sind alle Versuche, einem Kind vor dem etwa 2. bis 3. Lebensjahr soziale Anpassungsleistungen beizubringen, sinnlos und schädlich. Schädlich für die Entwicklung des Kindes ist es aber auch, wenn die Erziehung zu sozialer

Anpassung nicht spätestens im 3. Lebensjahr beginnt! Siehe dazu Maffitt und Kollegen (2011).

464 Es mag einige überraschen, dass die sensomotorische Entwicklung etwas mit der kognitiv-intellektuellen Entwicklung zu tun hat. Die Welt des Wissens hat sich aber nicht sozusagen von höherer Warte in unser Gehirn hineinversenkt (ein Ansatz, wie er im deutschen Idealismus vertreten wurde), sondern entstammt den senso-motorischen Erfahrungen, die wir in der Welt gemacht haben und machen (ein Ansatz, den man schon bei John Locke finden kann und den die moderne Neurobiologie bestätigt). Dass das Sprachzentrum beispielsweise in die motorische Hirnrinde eingebettet ist, ist kein neuro-geografischer Zufall, sondern beruht auf der Tatsache, dass Denken und Sprechen destillierte Produkte von Handlungserfahrungen und aus ihnen hervorgegangenen Handlungsvorstellungen sind (Übersicht bei Bauer, 2005).

465 Die Einführung der Schulpflicht war, obwohl sie die Situation der Kinder unter dem Strich überwiegend verbessert hat, kein karitativer Akt, sondern entsprach seinerzeit verschiedenen Nützlichkeitserwägungen.

466 Wie bereits erwähnt, beträgt die Zahl arbeitender Kinder zwischen dem fünften und 14. Lebensjahr weltweit etwa 215 Millionen (Internationales Arbeitsamt Genf, 2010).

467 Bauer (2007).

468 Cremer (2006).

469 Statistisches Bundesamt (2012). Mehr als die Hälfte aller Hilfsarbeiter befinden sich in sogenannten atypischen Beschäftigungsverhältnissen, bei unqualifizierten Dienstleistungsberufen (Verkäufer/innen) sind es 40 %.

470 Ausgedrückt als »Effort-Reward-Imbalance« nach Siegrist (Siegrist und Kollegen, 2009).

471 Siegrist und Kollegen (2009), Buchholz (2012), Techniker Krankenkasse: Arbeitsunfähigkeiten (2012). Auch das Demenzrisiko ist bei guter Ausbildung verringert (Buchholz, 2012).

472 Cremer (2006). Auf die Gesamtbevölkerung bezogen haben 1,8 % der Deutschen und 14 % derer mit Migrationshintergrund keinen

Schulabschluss. Ohne Berufsabschluss sind 16 % aller Deutschen und 41 % derer mit Migrationshintergrund (Statistisches Bundesamt: Bevölkerung mit Migrationshintergrund, 2012; siehe auch Ehrenstein, 2012).

473 Grotlüschen (2011).

474 Sedmak und Schweiger (2012).

475 Dies ist durch die implizite Vorbildfunktion verursacht, welche die Eltern für das Kind haben. Ich glaube nicht, dass der Bildungsstand der Eltern bedeuten muss, dass ein Kind keine Chance für eine gute Bildung besitzt. Auf Haltung der Eltern gegenüber dem Wert der Bildung könnte man mit Kampagnen und einem dadurch angestoßenen öffentlichen Diskurs (wie in den 60er-Jahren durch die Kampagne »Schick Dein Kind auf die höhere Schule«) durchaus Einfluss nehmen. Wenn über 60 % der Eltern die Anstrengungsbereitschaft des Kindes fördern und über 70 % darauf achten, dass es seine Aufgaben macht (Vorwerk-Studie 2011, Institut für Demoskopie Allensbach, 2011), dann heißt das andrerseits aber zugleich, dass über 30 % bzw. über 20 % der Eltern hier wenig engagiert sind.

476 Russell (1957/2006).

Register

Spannend, lehrreiche und informativ:
Joachim Bauers Bestseller
bei Heyne

»Leicht verständlich navigiert Bauer durch aktuelle
Diskussionen in Psychologie und Neurowissenschaften«
Deutschlandradio

978-3-453-61501-4

Warum ich fühle, was du fühlst
*Intuitive Kommunikation und das
Geheimnis der Spiegelneurone*
978-3-453-61501-4

Prinzip Menschlichkeit
*Warum wir von Natur
aus kooperieren*
978-3-453-63003-1

Lob der Schule
*Sieben Perspektiven für Schüler,
Lehrer und Eltern*
978-3-453-60083-6

Das kooperative Gen
Evolution als kreativer Prozess
978-3-453-60133-8

Arbeit
*Warum sie uns glücklich
oder krank macht*
978-3-453-60354-7

Leseprobe unter **www.heyne.de**